Lightroom CC RUMEN YU YINGYONG JIQIAO

Lightroom CC 入门与应用技巧

宋渭涛　著

U0195160

西北工业大学出版社

西　安

【内容简介】 本书是介绍摄影作品后期处理常用软件 Adobe Photoshop Lightroom CC 的实用教程。书中结合美学和摄影知识,罗列大量案例,详细介绍软件的使用方法、处理步骤、具体设置和调整技巧。在讲述一些具体的方法和技巧的同时,针对每个问题详细地列出所有处理步骤和具体的设置。读者可以了解在 Adobe Photoshop Lightroom CC 中怎样导入照片、分类和组织照片、编辑照片、局部调整、校正数码照片问题、导出图像及黑白转换等方面的技巧与方法,了解专业人士所采用的照片处理工作流程。

本书内容丰富、结构严谨、实用性强,主要面向数码摄影、广告摄影、平面设计、照片修饰等领域各层次的用户。无论是专业人员,还是普通爱好者,都可以通过本书迅速提高数码照片处理水平。

本书可作为大专院校、艺术学院摄影等专业的学习参考书。

图书在版编目（CIP）数据

Lightroom CC 入门与应用技巧/宋渭涛著. —西安:
西北工业大学出版社,2018.8
ISBN 978-7-5612-6177-4

Ⅰ.①L… Ⅱ.①宋… Ⅲ.①图像处理软件
Ⅳ.①TP391.413

中国版本图书馆 CIP 数据核字（2018）第 185013 号

策划编辑：华一瑾
责任编辑：华一瑾

出版发行：西北工业大学出版社
通信地址：西安市友谊西路 127 号　　邮编：710072
电　　话：(029) 88493844　88491757
网　　址：www.nwpup.com
印　刷　者：陕西金德佳印务有限公司
开　　本：787 mm×1 092 mm　　　1/16
印　　张：8
字　　数：147 千字
版　　次：2018 年 8 月第 1 版　　2018 年 8 月第 1 次印刷
定　　价：48.00 元

前 言
Preface

在时代飞速发展的今天，微机及数字技术带动了数码摄影浪潮的到来，数码摄影作为摄影的一个重要分支学科，日益得到广大人民群众的喜爱。笔者喜爱摄影缘于1987年初春，亲戚来家里并带来一部彩色胶卷相机，受到感染后家里开始购买和使用自动胶卷相机拍摄生活照。直到2002年购买方正PP100数码相机后，才开始使用数码相机进行大量摄影创作，并在《人民摄影》等报刊、网络投稿，至今已获奖、发表、入选千余张摄影作品和文章等。这里就数码相机及摄影创作，特别是数码摄影图像后期处理软件使用技巧等表述以下感悟。

在使用数码相机前及过程中，要充分了解、理解、吃透数码相机的物理特性，熟读说明书，像战士了解自己的枪支一样爱惜和熟悉自己的数码相机。同时必须使用数码相机的RAW存储格式保存每次拍摄的图像文件。数码相机的色域空间最好选择数码相机的最大的色域空间，一般是adobe RGB，以利于数码摄影图像软件的后期处理。

数码摄影图像后期处理的时候，显示器也占据很重要的位置，一个广色域的好的液晶显示器是必需的。

数码摄影时代的色彩已经很丰富，超过了胶片时代，所以对色彩学的学习和使用也很重要，色相、饱和度、色明度是核心，要经过长期的训练，结合自己手中的数码相机、显示器，甚至激光洗印部的整个流程的控制以达到满意的印前、印中、印后效果。

数码摄影图像处理软件的选择。一般的数码图像后期处理使用Adobe Photoshop Lightroom CC软件，数码全景接片以及需要图层等复杂处理的进入Adobe Photoshop CC软件处理，而且也使用光影魔术手等国产软件。

本书一共有3章。第1章是Adobe Photoshop Lightroom CC软件简介，介绍该软件的成长历史。

第2章是使用Adobe Photoshop Lightroom CC调整数字照片的简要步骤，其各小节主要包括以下内容。

（1）建立一个（或分次建立若干个）图像软件处理的目录，目录可以按年代月份、按专题、按题材等建立。其目录可以保存后期暗房处理修改的历史过程、效果及步骤等。

（2）导入处理的图像文件。该软件可导入的文件格式，可以根据软件的版本在本书指出的目录及指定的网站具体查询数码相机的支持格式。

（3）具体修改某个图像文件照片。书中给出了大量的实例以及具体的参数技巧供读者参考。

（4）最后导出也就是另存修改好的具有各类尺寸和格式的图像文件。

第3章是Adobe Photoshop Lightroom CC主流摄影题材作品后期简要处理流程，介绍了常规摄影题材类型的数码图像后期软件处理技巧。

本书叙述的Adobe Photoshop Lightroom CC是一个强大的、科学的、完整的数码图像后期处理流程软件，很值得使用。

综上所述，本书介绍了Adobe Photoshop Lightroom CC 这个数码摄影图像后期处理软件的基本流程和入门技巧，通过阅读本书，不但可以使读者对该软件的使用能够快速上手，读者还可建立属于自己的一个数码图像后期处理流程，以科学、有效、快速达到目的，从而取得良好的经济效益和社会效益。

在此感谢协助笔者工作的妻子，她精心地登记编号、查找资料，并承担写作过程中的后勤保障工作，有力地支持了笔者的编写工作，还要感谢中国农业银行陕西渭南分行等我就职公司的领导和同志们的大力支持。此外，笔者在网上参阅过一些网友的论述，在此一并表示感谢。

由于水平有限，书中疏漏及不妥之处在所难免，殷切希望使用本书的教师及广大读者批评指正。

著　者

2018年3月

目录

Contents

第 3 章　Adobe Photoshop Lightroom CC主流
摄影题材作品后期简要处理流程

第1章
Adobe Photoshop Lightroom CC简介

1.1　Adobe Photoshop Lightroom CC的应用程序界面即工作区域

Adobe Photoshop Lightroom CC 是由Adobe Systems公司发布的一款软件，旨在帮助专业摄影师的后期制作。它可以同时在苹果Mac OS X和Microsoft Windows系统上运行，2006年1月9日发布Mac系统试用版（Beta），7月18日发布Windows系统的试用版本，经过4个版本的测试以后，于2007年2月正式发布。它是Photoshop产品系列的一部分，这个系列还包括Photoshop CS CC 等。

Adobe Photoshop Lightroom 1.0于2007年2月发布。

Adobe Photoshop Lightroom 2.0于2008年7月发布。

Adobe Photoshop Lightroom 3.0于2010年6月发布。

Adobe Photoshop Lightroom 4.0于2012年3月发布。

Adobe Photoshop Lightroom 5.0于2013年6月发布。

Adobe Photoshop Lightroom 6 和 Lightroom CC于2015年4月22日发布。

Adobe Photoshop Lightroom 6.8/CC于2016年12月发布。

Adobe Photoshop Lightroom 7.0/CC于2017年10月发布。

Adobe Photoshop Lightroom软件是当今数字拍摄工作流程中不可或缺的一部分，对原片没有任何破坏，可以快速导入、处理管理和展示图像。其增强的校正工具、强大的组织功能以及灵活的打印选项可以帮助用户加快图片后期处理速度，将更多的时间投入拍摄当中去。它是一种适合专业摄影师输入、选择、修改和展示大量的数字图像的高效率软件。这样，用户可以花费更少的时间整理和完善照片。它界面干净整洁，可以让用户快速浏览和修改完善照片以及数以千计的图片（Adobe Photoshop Lightroom CC 软件启动界面见图1.1）。

图1.1　Adobe Photoshop Lightroom CC 应用程序界面

　　Adobe Photoshop Lightroom CC 是一个供专业摄影师使用的完整工具箱，包含多个模块。每个模块都特别针对摄影工作流程中的某个特定环节：图库模块用于导入、组织、比较和选择照片；修改照片模块用于调整颜色和色调或者对照片进行创造性的处理；而幻灯片放映模块、打印模块和 Web 模块则用于演示照片。

　　胶片显示窗格位于各模块的工作区下方，可显示当前在图库模块中选定的文件夹、收藏夹、关键字集或元数据标准中所含内容的缩览图。各模块都使用胶片显示窗格中的内容作为在该模块中执行的任务的源文件。要更改胶片显示窗格中的选定照片，请转到图库模块并选择其他照片。要在 Adobe Photoshop Lightroom CC 中处理照片，请先在图库模块中选择要处理的图像。然后在"模块选取器"（位于 Adobe Photoshop Lightroom CC 窗口的右上角）中单击某个模块名称，开始编辑、打印照片，或准备照片以便使用屏幕幻灯片放映或 Web 画廊进行演示。按住〈 Ctrl+Alt/Command+Option〉键，并按数字 1～5 中的任一数字可在五个模块间切换。可以通过只显示需要的面板，或隐藏部分或所有面板来最大限度地显示您的照片来自定义 Adobe Photoshop Lightroom CC 工作区。要打开或关闭一组面板中的所有面板，请按住〈Ctrl〉键单击（Windows）或按住〈Command〉键单击（Mac OS）面板名称。可以更改屏幕显示以隐藏标题栏、标题栏和菜单、或标题栏、菜单和面板。选择"窗口">"屏幕模式"，然后选择一个选项。处于"正常""带菜单栏的全屏模式"或"全屏"模式时，按 F 键可在这三种模式中切换。按〈Ctrl+Alt+F〉键（Windows）或〈Command+Option+F〉键（Mac OS）以从"带菜单栏的全屏模式"或"全屏"模式切换到"正常"屏幕模式。按〈Shift+Ctrl+F〉键（Windows）或〈Shift+Command+F〉键（Mac OS）以进入"全屏并隐藏面板"模式，这会隐藏标题栏、菜单和面板。处于"全屏并隐藏面板"屏幕模式时，按〈Shift+Tab〉键，然后按〈F〉键可显示面板和菜单栏。Mac OS 中的"全屏"模式和"全屏并隐藏面板"模式会隐藏 Dock。如果启动 Adobe Photoshop Lightroom CC，并且未看到该应用程序的"最小化""最大化"或"关闭"按钮，按〈F〉键一次或两次，直到它们出现为止。可以在图库模块和修改照片模块中隐藏或自定义工具栏，以加入所需的项目。

　　Adobe Photoshop Lightroom CC 工作区中的各个模块都包含若干面板，其中含有用于处理照片的各种选项和控件。图1.2所示为网格视图下的 Adobe Photoshop Lightroom CC工作区。

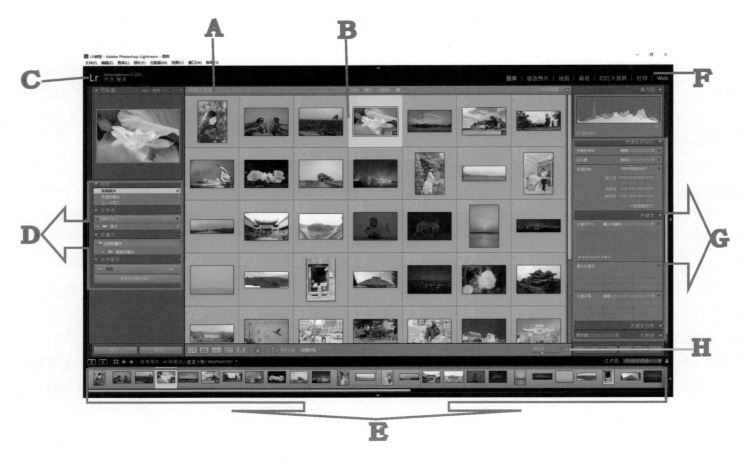

图1.2　Adobe Photoshop Lightroom CC工作区

A—图库过滤器栏；B—图像显示区域；C—Adobe Photoshop Lightroom CC软件版本及登录用户身份标识；

D—用于处理源照片的面板；E—胶片显示窗格；F—模块选取器；G—用于处理元数据、关键字和调整图像的面板；H—工具栏

1.2　Adobe Photoshop Lightroom CC的基本模块

1. 图库模块

在"图库"模块中可以查看、排序、管理、组织、比较目录中的照片并设置照片星级。将照片导入 Adobe Photoshop Lightroom CC 后，"图库"模块是处理照片的第一站。"快速修改照片"面板用于快速调整照片色调。但是，"修改照片"模块中含有更多用于调整和校正图像的精确控件（见图1.3）。

图1.3　"修改照片"模块

2. 修改照片模块

在修改照片模块中，可以调整照片的颜色和色调等级、裁剪照片、去除红眼，并进行其他校正。在 Adobe Photoshop Lightroom CC 中所做的所有调整都是非破坏性的。不管原始文件是 Camera RAW 文件还是渲染的文件（如 JPEG 或 TIFF），非破坏性编辑都不会改变原始文件。编辑操作存储在 Adobe Photoshop Lightroom CC 中，其形式为应用于内存中照片的一组指令。非破坏性编辑意味着可以在不降低原始图像数据质量的情况下浏览和创建照片的不同版本（见图1.4）。

图1.4　非破坏性编辑

3. 地图模块（修改、保存摄影作品的GPS等地图信息）

在地图模块中，可以在 Google 地图上查看拍摄照片的位置。它使用嵌入在照片元数据中的 GPS 坐标在地图上绘制照片。大多数移动电话摄像头（包括 iPhone）都在元数据中记录 GPS 坐标，必须处于联机状态才能使用地图模块，目前国内不支持这个模块（见图1.5）。

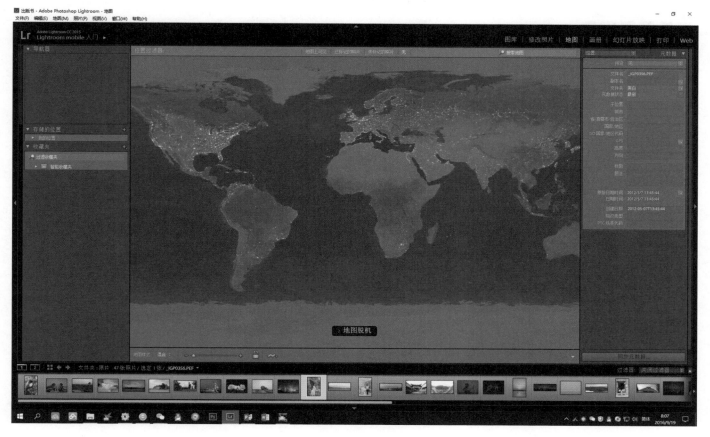

图1.5　地图模块

4. 画册模块（制作摄影作品的画册）

利用画册模块可以设计照片画册并将其上载到按需打印网站 Blurb.com。画册模块还可以将画册存储为 Adobe PDF 或单个 JPEG 文件（见图1.6）。

图1.6　画册存储

5. 幻灯片模块（制作摄影作品的幻灯片）

在"幻灯片放映"模块中，要指定演示的幻灯片的照片和文本布局（见图1.7）。

图1.7　指定演示的幻灯片

6. 打印模块（打印摄影作品）

在打印模块中，可以指定在打印机上打印照片和照片小样时使用的页面布局和打印选项（见图1.8）。

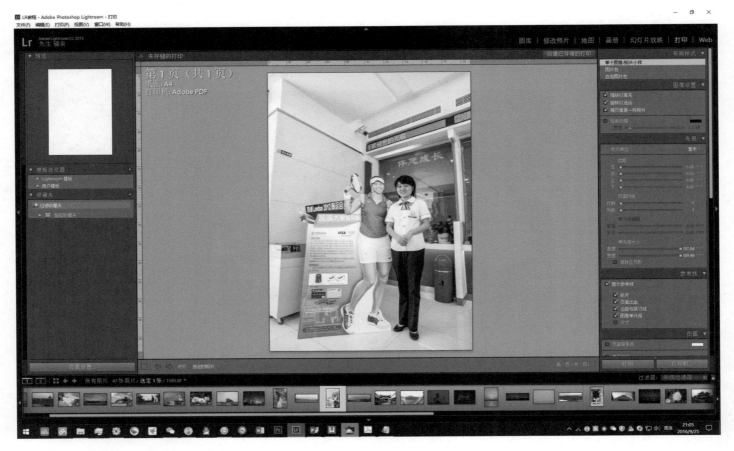

图1.8 页面布局的打印选项

7. web模块（制作摄影作品在网络的展示网页）

通过 Web 模块可以指定网站的布局（见图1.9）。

图1.9　指定网站的布局

1.3　Adobe Photoshop Lightroom CC数字摄影后期处理简要流程

Adobe Photoshop Lightroom CC 数字摄影后期处理简要流程如图1.10所示。

1.4　Adobe Photoshop Lightroom CC安装电脑系统的最低要求

1. Windows

（1）处理器：Intel或 AMD Athlon. Pentium 4 . 64。

（2）具备 DirectX IO 功能或更新版本的显卡。

（3）操作系统：Microsoft. Windows. 7（Service Pack 1）或更高版本。

（4）RAM：2 GB（建议使用 4 GB）。

（5）硬盘：2 GB 可用硬盘空间。

（6）显示器：1 024×768 显示器分辨率。

（7）基于 Internet 的服务需要 Internet 连接。

2. Macintosh（苹果机）

（1）处理器：支持 64 位的多核 Intel处理器。

（2）操作系统：MAC OS × 10.7（Lion）或更高版本。

（3）RAM：2 GB（建议使用 4 GB）。

（4）硬盘：2 GB 可用硬盘空间。

（5）显示器：1024 × 768 显示器分辨率。

（6）基于 Internet 的服务需要 Internet 连接。

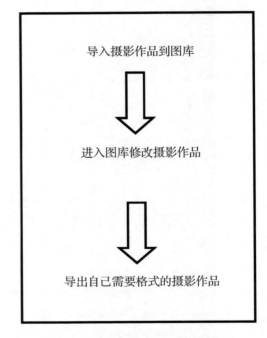

图1.10　数字摄影后期处理简要流程

1.5　安装Adobe Photoshop Lightroom CC

安装 Adobe Photoshop Lightroom CC，可以先从网站下载购买软件。打开文件夹，双击 Adobe Photoshop Lightroom CC（Windows 或 Mac OS），然后按照屏幕说明进行操作。

购买并且下载互联网地址（http://www.adobe.com/cn/products/photoshop-lightroom.html.），苹果Mac OS系统和Windows系统的 Adobe Photoshop Lightroom CC差别不大，只有快捷键有差别。

1.6　支持后期处理调整的文件格式

Adobe Photoshop Lightroom CC 支持后期处理调整的文件格式有以下3种。

（1）JPEG . TIFF（8 位、16 位）。

（2）PSD（8 位、16 位）. DNG . PNG。

（3）RAW有关 RAW 文件支持的完整列表，请访问互联网（https://helpx.adobe.com/camera-RAW/kb/camera-RAW-plug-supported-cameras.html），其中截至2018年2月支持宾得相机的列表如图1.11所示。

通用 DSLIGHTROOM 视频格式，包括 MOV，MPG，AVI 和 AVCHD 。

1.7　重要的文件格式支持例外（不支持的格式）

Adobe Photoshop Lightroom CC重要的文件格式支持例外（不支持的格式）如下。

（1）未存储合成图像的 PSD 文件（存储时未设置"最大兼容"）。

（2）尺寸大于 65 000 像素/边（共 512 万像素）的文件。

（3）AVCHD 仅支持 MTS 和 M2TS 视频文件。

Supported camera models

Filter by: Pentax ›

Pentax

Camera	Raw image filename extension	Minimum Camera Raw plug-in version required	Minimum Lightroom CC version required	Minimum Lightroom Classic CC version required	Minimum Lightroom Perpetual version required
645D	DNG, PEF	6.2	1.0	3.2	3.2
645Z	DNG, PEF	8.5	1.0	5.5	5.5
*ist D	PEF	2.1	1.0	1.0	1.0
*ist DL	PEF	3.3	1.0	1.0	1.0
*ist DL2	PEF	3.4	1.0	1.0	1.0
*ist DS	PEF	3.2	1.0	1.0	1.0
*ist DS2	PEF	3.3	1.0	1.0	1.0
K-01	DNG	7.1	1.0	4.1	4.1
K-1	DNG, PEF	9.5.1	1.0	2015.6.1	6.5.1
K-3	DNG, PEF	8.3	1.0	5.3	5.3
K-3 II (↑ see note)	DNG, PEF	9.1.1	1.0	2015.1.1	6.1.1
K-5	DNG, PEF	6.3	1.0	3.3	3.3
K-5 II	DNG, PEF	7.3	1.0	4.3	4.3
K-5 IIs	DNG, PEF	7.3	1.0	4.3	4.3
K-7	PEF	5.4	1.0	2.4	2.4
K-30	DNG	7.2	1.0	4.2	4.2
K-50	DNG	8.2	1.0	5.2	5.2
K-70	PEF	9.8	1.0	2015.8	6.8
K-500	DNG	8.2	1.0	5.2	5.2
KP	DNG, PEF	9.10	1.0	2015.10	6.10
K-r	PEF	6.3	1.0	3.3	3.3
K-S1	DNG, PEF	8.7	1.0	5.7	5.7
K-S2	DNG, PEF	9.1	1.0	2015.1	6.1
K-x	PEF	5.6	1.0	2.6	2.6
K10D	DNG, PEF	3.7	1.0	1.0	1.0
K20D	DNG, PEF	4.4	1.0	1.4.1	1.4.1
K100D	PEF	3.6	1.0	1.0	1.0
K100D Super	PEF	4.2	1.0	1.2	1.2
K110D	PEF	3.6	1.0	1.0	1.0
K200D	DNG, PEF	4.4	1.0	1.4.1	1.4.1
K2000 K-m	PEF	5.1	1.0	2.1	2.1
MX-1	DNG	7.4	1.0	4.4	4.4
Q	DNG	6.5	1.0	3.5	3.5
Q7	DNG	8.2	1.0	5.2	5.2
Q10	DNG, PEF	7.3	1.0	4.3	4.3
Q-S1	DNG	8.7	1.0	5.7	5.7

图1.11 支持宾得相机列表

1.8　使用Adobe Photoshop Lightroom CC和Adobe Photoshop Camera RAW

使用 Adobe Photoshop Lightroom CC，Adobe Photoshop Camera RAW，Adobe Photoshop Lightroom CC和 Photoshop Camera RAW 使用同一种图像处理技术，确保在支持 RAW 处理的多个应用程序上得到的效果一致并且相互兼容。

1.9　技术资源

Adobe Photoshop Lightroom CC 技术资源：如果您需要产品技术支持，请访问网址 （https://helpx.adobe.com/support.html#/product/photoshop-lightroom）了解更多信息。免费疑难解答资源包括 Adobe 支持知识库和Adobe 用户论坛等。

1.10　联机资源

Adobe Photoshop Lightroom CC 联机资源：请访问设计中心网址（http://create.adobe.com. ）。

第2章
使用Adobe Photoshop Lightroom CC调整数字照片的简要步骤

2.1 第一次运行时如何建立目录

第一步（最重要的一步）：当第一次运行Adobe Photoshop Lightroom CC的时候，它会建立一个默认的目录位置，当然也可以另外建立一个目录的存放位置。目录中有哪些内容？目录是一种数据库，其中存储了每张照片的记录。此记录包含有关每张照片的3条关键信息，具体如下。

（1）将照片导入到 Adobe Photoshop Lightroom CC时，照片本身与目录中照片的记录之间就形成了一个链接。

（2）对照片执行的任何工作（如添加关键字或去除红眼）都将作为额外的元数据存储在目录的照片记录中。

（3）如果您准备在 Adobe Photoshop Lightroom CC 之外共享照片，如将照片上载至 Facebook，并打印它，或创建幻灯片放映，则 Adobe Photoshop Lightroom CC会将元数据更改（类似于修改照片说明）应用于照片的副本，以便在Facebook上能看到它们。

Adobe Photoshop Lightroom CC绝对不会更改相机拍摄的实际照片。因此，Adobe Photoshop Lightroom CC 中的编辑操作是非破坏性的，始终可以返回到未经编辑的原始照片。

启动 Adobe Photoshop Lightroom CC并导入照片后，系统会自动创建一个目录文件（Lightroom Catalog.lightroomcat），此目录会记录照片及其相关信息，但并不包含实际的照片文件本身。大多数人一般希望将所有照片存放到同一个目录下，这样以来，一个目录中就会存放数千张照片。但是，可以根据不同的目的将照片分类存放在多个目录下。创建目录时，需指定文件夹的名称（如"风光照片"），生成的文件夹将包含一个目录文件（如"风光照片.lightroomcat"）。该目录文件可存储目录设置，导入照片时，系统会创建一个新子文件夹（如"风光照片 Previews.lightroomdata"），用于存储 JPEG 格式的预览图像；还可以复制或移动目录、组合或合并目录、删除目录文件夹、更改默认目录、更改目录设置、优化目录，在导入和移去多个文件后，在 Adobe Photoshop Lightroom CC 中执行操作时可能非常耗时。在这种情况下，应该优化目录，选择"文件">"优化目录"。

2.2　导入照片和优化软件设置

1. 导入照片设置

点击软件左上角文件-导入照片和视频，导入数码照片文件夹或者文件（包括常用的各类相机的RAW，JPEG和TIFF等RAW文件，有关 RAW 文件支持的完整列表，请访问互联网（https://helpx.adobe.com/camera-RAW/kb/camera-RAW-plug-supported-cameras.html.），导入照片的快捷键为〈Ctrl+ Shift+I〉（见图2.1）。

图2.1　导入照片

也可以直接拖拽文件或者文件夹到Adobe Photoshop Lightroom CC图库中以导入照片和视频。

2. 软件优化设置

（1）选择首选项进行软件的优化设置，在优化设置的时候注意关闭文件菜单里面的增效管理器中的一些国外的网站上传和无关相机的其他相机优化工具，这样可以提高软件运行速度（见图2.2）。

图2.2　优化设置

（2）将Camera RAW 缓存设置到非系统分区，例如：E:\tmp\LIGHTROOMCC。

将缓存文件的大小设置为与系统内存大小一致，一般为8 GB左右。Camera RAW缓存大小最好设置为平时工作中所需要的平均大小，如果可能的话最好更大一些。缓存越大，就能储存更多的预览图像。如果有足够的硬盘空间，这个大小还可以设得更大，但是千万不要设置在移动硬盘中（见图2.3）。

图2.3　缓存大小设置

2.3　调整作品的构图

构图调整先点击需要处理的照片，再点击修改照片工具栏，开始调整照片。具体过程如下。

（1）修改照片模块中各种调整参数和滤镜的大致分布和介绍。修改照片模块包含两组面板和一个工具栏，用于查看和编辑照片。屏幕左侧是"导航器""预设""快照""历史记录"和"收藏夹"面板，用于预览、存储和选择对照片所做的更改。屏幕右侧是用于对照片进行全局和局部调整的工具和面板。工具栏中包含的控件可用于执行多种任务，例如在"修改前"与"修改后"视图之间切换、进行即席幻灯片放映以及缩放等（见图2.4）。

B.修改照片模块的四个边框都有一个小箭头可以隐藏各自的模块以达到更广阔的屏幕预览照片修改效果。

A.这一区域主要有导航器（实时预览作品修改效果）、预设文件的导入导出区（管理和使用提前做好的各类照片修改效果）、快照保存区、历史记录区、收藏夹。

C.本区域是修改照片的关键区域，有直方图预览和直接修改、基本参数、色调曲线、分通道调色、分离色调、细节、镜头校正、变换、效果、相机校准等，具体见本书后面章节论述。

D.本区域可以对修改照片进行全选（Ctrl + A）、取消选择所有照片（Ctrl + D）、仅选择现用照片（Ctrl + Shift + D）、删除照片（DELETE）等等，具体见本书附录键盘快捷键。

图2.4　各种调整参数和滤镜的分布与介绍

（2）先进行镜头像差校正，如图2.5所示。同时可以给照片添加暗角。在软件左侧的镜头校正模块中选择启用配置文件校正会自动匹配相应的品牌镜头参数，如果没有您的镜头，请选择相近焦段的镜头。也可以选择删除色差。紫边调整在手动栏目里面的去边，拖动滑块向右可以去掉作品中的紫边。其他默认参数一般不变，当然也可以具体问题具体分析调整。

图2.5　镜头像差校正

（3）如图2.6所示，根据需要看照片是否进行进一步的畸变校正，选择变换模块，选择自动。一般建筑摄影需要进行校正，不满意的情况下，可以自行手动进行各类操作，也可以使用Upright工具进行直观拉伸，具体看您的爱好效果。Upright（垂直工具）仅需一点可以将图像分解成自动的水平视野，将建筑物状的物体直立，以纠正梯形畸变效应。

图2.6　畸变校区

（4）使用预设的各类格式（如1×1，4×3及8×10等）对照片进行裁剪、旋转和二次构图，如图2.7所示。

图2.7　照片裁剪、旋转和二次构图

1）请点击裁剪叠加选项进行构图调整。

2）使用裁剪框工具，自由地裁剪和构图。

3）可以添加自己的其他比例进行裁剪和构图，如6×12,6×17及6×24等。

4）可以使用鼠标拖动滑块左右调整照片的水平线或者按照自己的创意旋转和裁剪构图。

5）可以右击照片，选择变换菜单中的180°旋转、逆时针旋转照片等效果。

6）错误了选择复位重新调整构图。

7）点击右边的金色的锁子，可以去掉长宽比自由的裁剪自己需要的尺寸。

8）在水平线调整的时候，也可以按小键盘的上下箭头进行微小、细致的构图左右变化或者旋转变化。

9）最简单的构图调整是选择自动调整，然后自己微调。

2.4　使用预设文件调整作品

使用预设文件调整照片，先点击需要处理的照片，再点击修改照片工具栏，开始调整，具体过程如下。

（1）由软件自带的各类提前设置好的各类参数的预设文件可直接调整作品，还有通过网络下载的上千种网友创作的预设文件可供直接来调整照片的色温、曝光、饱和度等等。可以在预设区导入和导出别人和自己的各类预设文件，创作一个预设文件后，最好导出后备份到外置移动硬盘盒或者微云网盘、百度云盘等远程备份，以有利于机器损坏后重新安装各类预设文件。在预设区右击鼠标即可导入和导出预设文件（见图2.8）。

（2）个人也可以在自己喜欢的预设文件的基础上修改各参数后导出自己的预设文件供应大家使用。点击预设区右上角的"+"号，建立自己的预设风格文件保存，以后需要更新了，右击预设文件，更新配置即可得到最新的风格文件。

（3）也可以自己直接调整各类参数创建自己独特的风格导出预设文件供应自己和大家使用（见图2.9）。

图2.8 导入和导出预设文件

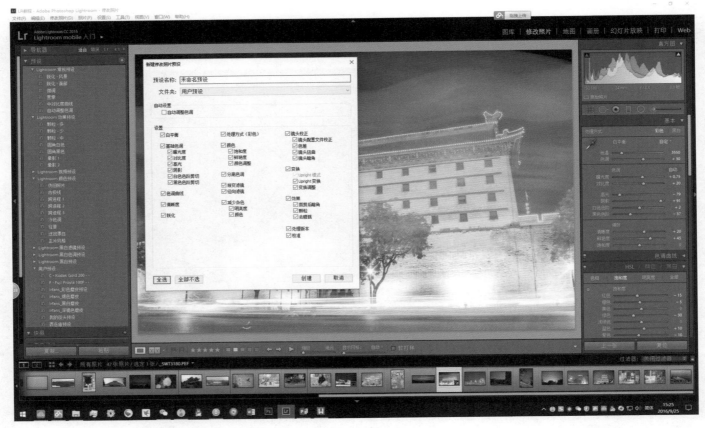

图2.9 以独特风格导出的预设文件

2.5 调整作品的色温和色调

先点击需要处理的照片，再点击修改照片工具栏，开始调整，具体过程如下。

（1）使用软件自带的预设调整色温和色调，在不使用预设文件的时候，可以自己按照创作意图调整色温和色调达到自己既定的创作目的，也可以在预设文件的基础上自己调整色温和色调，形成自己的风格。通过软件可以对RAW格式文件的色温进行重新设定，精度达到1K。数码技术的进步终于使160年来困扰人们的色温问题得到彻底解决，真正了解和掌握了数码相机在色温上的优异性和先进性（见图2.10）。

图2.10　调整色温和色调

（2）使用白平衡选择器调整色温和色调，寻找作品中的R/G/B三个值相等或者很接近的中性色,一般在照片中的灰色区域寻找。快捷键是〈W〉，也可以在自定义色温中使用鼠标拖动滑块或者小键盘的上下箭头进行微小细微更加精确的色温和色调调整。调整的时候请参照上面的直方图进行。关于直方图的使用请看微信公众号汤识真老师的文章《让数码相机更准确地曝光》（见图2.11）。

图2.11　白平衡选择器

2.6　调整作品的曝光

先点击需要处理的照片，再点击修改照片工具栏，开始调整。

（1）选择自动按钮由软件自动调整曝光、对比度、高光溢出、阴影补偿、暗部的白色和黑色溢出。

（2）自己个性调整请使用鼠标拖动滑块或者使用键盘上下箭头按键调整各类参数，向左降低曝光，向右增加曝光。

（3）一般作品分为高调、中间调、低调片子，可以经过曝光、对比度、高光、阴影、色阶调整来达到大的效果。具体根据创作意图调整（见图2.12）。

图2.12　曝光

2.7　调整作品的全局调整

（1）在照片的全局色彩偏好调整色彩中，一般纪实摄影是清晰度：+12，鲜艳度：+20，饱和度：0。

（2）人像和风光摄影是清晰度：20，鲜艳度：+20，饱和度：0。由于个人对色彩的感知不一样，所以主要同时配合直方图观察每个RGB通道颜色的左右上下变化来确认颜色的占比和亮度，以达到个人创作目的或者个人喜好。

（3）在颜色通道也可以深入调整到个人喜好的色彩表现（见图2.13）。

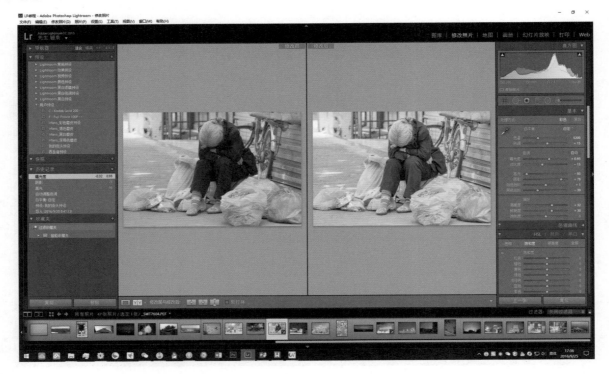

图2.13　个人喜好的色彩调整

2.8　调整照片局部之污点去除工具

Adobe Photoshop Lightroom CC中的污点去除工具使您可以通过从同一图像的不同区域取样来修复图像的选定区域。

例如：可以通过去除任何不必要的对象（如人物、高处的电线、CMOS的污点及镜头的污点等）来清理风景、纪实和人物等照片。

（1）使用污点去除工具如何去除照片中的某些东西。

1）在"修改照片"模块的工具条中，选择"污点去除"工具；或者按〈Q〉键。

2）选择以下选项之一。

①修复将取样区域的纹理、光线、阴影匹配到选定区域。

②仿制将图像的取样区域复制到选定区域。

图2.14中的天鹅下方的一个相机CMOS污点清晰可见，先使用了圆点选取大小和区域，然后自动采样修复。

3）在以下的污点去除工具选项中，拖动尺寸滑块来指定污点去除工具可涂抹的区域大小。

①可以通过向上/向下滚动来增加/减少该工具的半径。

②可以使用键盘上的方括号键来更改画笔的大小。

按左方括号键〈 [〉可减少画笔的半径大小；按右方括号键〈] 〉可增加画笔的半径大小。

4）在照片中，单击并拖动要修饰的照片部分。

一个白色的选框区域指定选中区域。另一个有箭头指向选中区域的白色选框区域指定取样区域。

找到要清理的图像部分（在本例中，即是污点部分），然后使用污点去除工具来涂抹该区域。使用标记调整选定区域或取样区域的位置。

5）要更改默认选定的取样区域，请执行以下任一操作。

自动单击所选区域的手柄，然后按下正斜线键〈/〉。将对新的区域进行取样。按下正斜线键，直到您找到最适合的取样区域。

手动使用取样区域的手柄来拖动和选择新区域。在您使用长笔画选择图像的更大部分时，并不能立即找到与之匹配的合适的取样区域。

要尝试各种选项，请单击正斜线键〈/〉，工具会自动取样更多的区域。

6）要删除通过污点去除工具所做的所有调整，请单击工具条下方的重置按钮。

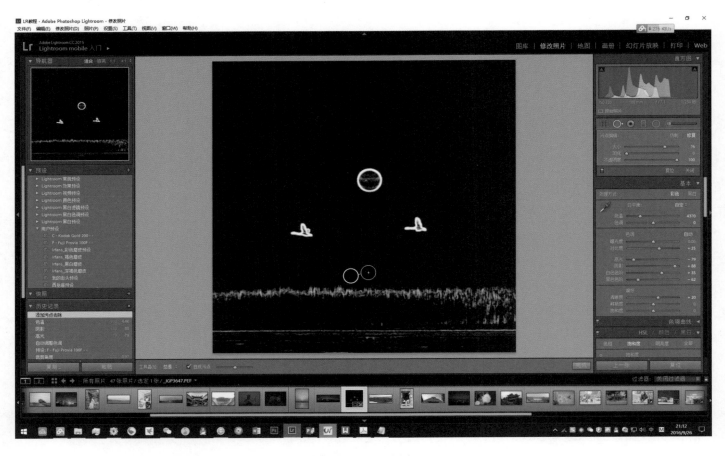

图2.14　CMOS污点

（2）使用污点去除工具中的圆形点个人建立调整区域。

单击以创建一个圆形点，并自动查找来源。按住〈Command/Control〉键并单击以创建圆形点；拖动以设置点大小，同时按住〈Command/Control〉键和〈Option/Alt〉键并单击以创建圆形点；拖动以设置点大小。

（3）删除选定的区域或点，具体过程如下。

1）选择一个标记，然后按〈Delete〉键以删除调整。

2）按住〈Option/Alt〉键，并单击一个点以将其删除。

按住〈Option/Alt〉键，并拖动鼠标以绘制选框区域，然后自动删除选框区域内的污点。

（4）使用显现污点功能来清理照片。

在打印全分辨率的照片时，打印出来的印品可能包含许多在计算机屏幕上看不到的瑕疵。这些瑕疵可能包含相机感应器上的灰尘、人像中某人皮肤上的疤痕或蓝天中的一缕缕云。以全分辨率打印时，这些瑕疵可能会影响视觉效果。显现污点功能可帮助您在打印之前看到并修复这些瑕疵。

在选择污点去除工具时，图像下方将显示可用的"显现污点"选项和滑块。在选择"显现污点"选项时，将对图像进行反相以便更清楚地看见瑕疵。您可以使用滑块调整对比度水平，以放大或缩减瑕疵的细节。然后，您可以使用污点去除工具删除分散注意力的元素。

1）从工具条中选择污点去除工具，然后从工具栏中选中显现污点复选框。

将对图像进行反相，使图像元素的轮廓清晰可见，如图2.14所示右上面的例图。

2）使用显现污点滑块来更改反相图像的对比度阈值。将滑块移动至不同对比度水平，以查看灰尘、污点或其他多余元素等瑕疵。

3）使用污点去除工具去除照片中的元素。清除显现污点复选框以查看修改后的图像。

4）重复步骤2）和3），直到满意为止。

图2.15就是修改前后的对比图。有了这个神奇的污点去除工具，就可以修理照片中的瑕疵，复制或者去掉照片的任意区域。

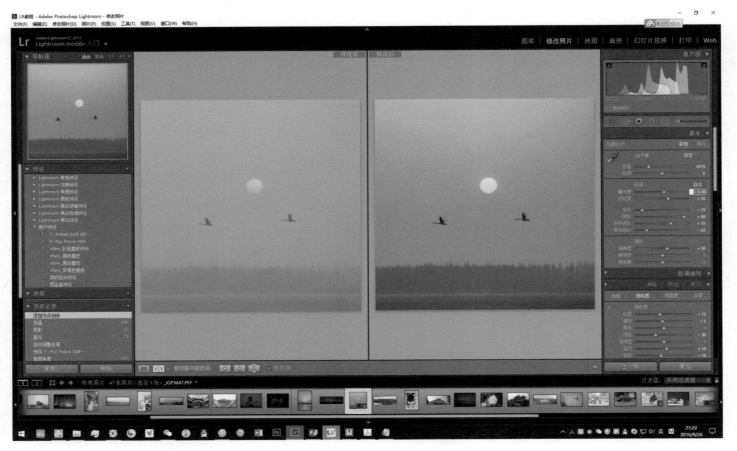

图2.15　污点去除修改前后对比图

2.9　调整照片局部之红眼矫正工具

点击需要处理的照片，再点击修改照片工具栏，鼠标选择红眼矫正，开始调整。使用 Adobe Photoshop Lightroom CC中的红眼校正工具可以快速轻松地校正照片中的红眼效果。

　　Adobe Photoshop Lightroom CC中的宠物眼睛校正与红眼校正的方式非常相似，它可帮助校正照片中所拍摄到的不自然的宠物眼睛颜色（见图2.16）。

图2.16　红眼矫正工具

校正红眼和宠物眼睛效果。

（1）切换到"修改照片"模块。

（2）单击"红眼校正"工具图标。

（3）单击"红眼"或"宠物眼睛"。

（4）从中心开始，在受影响的眼睛上画一个圆圈。

（5）调整可用的设置。可以调整瞳孔大小以及明暗，可以使用鼠标拖动滑块，也可以使用小键盘的上下箭头微小调整。

（6）单击"完成"。如果出错按复位键，重新开始调整即可。

2.10 调整照片局部之渐变滤镜工具

（1）先点击需要处理的照片，再点击修改照片工具栏，选择渐变滤镜，快捷键按键按键M，开始调整，下面以陕西渭南华阴市西岳庙灏灵门摄影作品为例进行调整。

1）使用变换模块的Upright工具，选择自动，作品立即自动矫正了横平竖直；

2）使用富士胶片预设风格文件；

3）使用自动色调调整；

4）一共使用2次渐变滤镜，第一次从作品顶部中央向下拉到建筑屋脊，调整参数如下。

①色温：0；

②色调：0；

③曝光度：-1.56；

④对比度：0；

⑤高光：-19；

⑥阴影：+32；

⑦清晰度：0；

⑧去朦胧：+50；

⑨饱和度：0；

⑩锐化程度：0；

⑪杂色：0；

⑫波纹：0；

⑬去边：0；

⑭颜色：0。

点击完成按钮结束调整，效果如图2.17所示。

使用"修改照片"模块中各个调整面板上的控件，可以调整一整张照片的颜色和色调。但是，有时不希望对整张照片进行全局调整，而希望对照片的特定区域进行校正。例如：可能需要在风景照片中增强蓝天的显示效果。要在 Adobe Photoshop Lightroom CC 中进行局部校正，可以使用"渐变滤镜"工具应用颜色和色调调整。

使用"渐变滤镜"工具，可以在某个照片区域中渐变地应用"曝光度""清晰度"和其他色调调整。可以随意调整区域的宽窄。

与 Adobe Photoshop Lightroom CC的"修改照片"模块中应用的其他所有调整一样，局部调整也是非破坏性的，不会永久应用于照片。

图2.17　渐变滤镜效果图1

（3）第二次渐变滤镜从作品底部中央向上拉到建筑屋脊下面，调整参数如下：

①色温：0；

②色调：0；

③曝光度：–0.76；

④对比度：0；

⑤高光：–30；

⑥阴影：+50；

⑦清晰度：0；

⑧去朦胧：+30；

⑨饱和度：0；

⑩锐化程度：0；

⑪杂色：0；

⑫波纹：0；

⑬去边：0；

⑭颜色：0。

点击完成按钮结束调整，效果如图2.18所示。

图2.18 渐变滤镜效果图 2

（4）最后在查看全图，微调了色温为日光，水平线为-0.50，调整结束后，修改前后对比图如图2.19所示。

图2.19　渐变滤镜修改之后对比图1

关于渐变滤镜工具的具体应用滤镜效果和参数描述如下。

1）在"图库"模块中选择要编辑的照片，然后按〈D〉键切换到"修改照片"模块。在"修改照片"模块中，要切换到其他照片，请从"收藏夹"面板或胶片显示窗格中进行选择。

2）在"修改照片"模块的工具条中，选择"渐变滤镜"工具。

3）从"效果"弹出菜单中选择要进行的调整类型，或拖动滑块，具体参数描述如下。

①色温：调整图像某个区域的色温，使其变暖或变冷。渐变滤镜温度效果可以修饰在混合照明条件下拍摄的图像。

②色调：对绿色或洋红色投影进行补偿。

③曝光度：设置整体图像亮度，应用曝光度局部校正可以取得类似于传统减淡和加深的效果。

④高光：恢复图像过曝高光区域的细节。

⑤阴影：恢复图像曝光不足阴影区域的细节。

⑥白色色阶：调整照片中的白点。

⑦黑色色阶：调整照片中的黑点。

⑧对比度：调整图像对比度，主要影响中间色调。

⑨饱和度：调整颜色的鲜明度。

⑩清晰度：通过增加局部对比度来增加图像深度，使得细节更加清晰。

⑪去朦胧：减少或增加照片中的现有朦胧量，使得细节更加通透。

⑫锐化程度：可增强边缘清晰度，以在照片中突显细节。负值表示细节比较模糊。

⑬杂色：减少明亮度杂色，当打开阴影区域时这一点会变得很明显。也就是噪点的去除。

⑭波纹：消除波纹伪影或颜色混叠，如摩尔纹。

⑮去边：消除边缘的边颜色，如紫边。

⑯颜色：将色调应用于受局部校正影响的区域。通过单击色板，选择色相。如果将照片转为黑白，将保留色彩效果。

⑰其他效果：其他效果适用于特定任务，如美白牙齿、增强光圈或柔化肤色。

注意：如果焦色（变暗）、减淡（变亮）、光圈增强、柔化皮肤或牙齿美白不可用，请选择"Lightroom"＞"首选项"（Mac OS），或选择"编辑"＞"首选项"（Windows）。在"预设"面板中，单击"还原局部调整预设"。

4）拖动各个效果滑块以增大或减少相应的值。

5）在照片中拖动以应用该效果。标记将显示在初始作用点上，并且"蒙版"模式将更改为"编辑"。对于"渐变滤镜"效果，三条白色参考线表示效果的中心范围、低范围和高范围。

2.11　调整照片局部之径向滤镜工具

照片的主要对象周围的背景或元素可能会分散观众的注意力。要将关注点放在焦点上，可以创建晕影效果。通过使用径向滤镜工具，可以创建多个偏离中心位置的晕影区域以突出显示照片的特定部分。在使用径向滤镜工具时，可以通过椭圆形蒙版进行局部调整。可以使用径向滤镜工具在主题周围绘制一个椭圆区域，然后选择减少选定蒙版以外的部分的曝光度、饱和度和锐化程度。图像中的背景太显眼，已将两个径向滤镜应用于图像来突出主体按〈Shift + M〉键可切换径向滤镜工具。通过使用径向滤镜，可以使用有趣的方式将所选调整应用于照片。

（1）应用径向滤镜来增强照片的一般步骤如下。

1）在修改照片模块中，从工具条中选择径向滤镜工具。修改照片模块内提供有"径向滤镜"工具〈Shift + M〉键。

2）执行以下任一操作。

要创建径向滤镜，请在感兴趣的区域中单击并拖动鼠标。这会绘制一个椭圆形状，以确定哪些区域受进行的调整影响，或者在调整中排除哪些区域。

要编辑现有的径向滤镜，请单击照片上任一灰色手柄。在绘制时，按〈Shift〉键可将径向滤镜限定为一个圆。

3）要确定修改照片的哪个区域，请选中或清除反相蒙版复选框。该复选框默认处于未选中状态，如图2.20所示。

①"反相蒙版"未被选中（默认）：更改任何设置都会影响选框区域以外的图像区域。

② "反相蒙版"被选中：更改任何设置都会影响选框区域以内的图像区域。

图2.20　径向滤镜设置

4）调整添加的径向滤镜的大小（宽度和高度）和方向。选择滤镜，然后单击并拖动滤镜的中心，以移动和重新定位它。

将指针悬停在四个滤镜手柄中任意一个手柄的上方，指针图标改变时，单击并拖动指针以更改滤镜的大小。

将指针悬停在接近滤镜边缘的地方，指针图标改变时，单击并拖动滤镜的边缘以更改方向。滤镜区域由一个椭圆形的选框区域表示。

5）使用调整滑块（同步骤1）创建所需的视觉变化。可以使用羽化滑块调整应用时的视觉衰减。

6）重复步骤2）到步骤5），以继续添加或编辑滤镜。

7）单击重置，移去应用于图像的所有径向滤镜。

（2）径向滤镜工具的键盘快捷键和编辑器。

1）新调整。按住〈Shift〉键并拖动，以创建只限于一个圆形范围的调整。

2）编辑调整。拖动四个手柄之一以重新确定调整的范围时，按〈Shift〉键，以保持调整形状的长宽比，如图2.21所示。

3）删除调整。选中调整时，按下〈Delete〉键以删除调整。

4）最大范围的调整。按住〈Command/Control〉键并双击某个空白区域，可居中创建集一个覆盖已裁剪图像区域的调整；按住〈Command/Control〉键并在现有的调整中双击，从而扩展该调整以覆盖裁切的图像区域；双击而不按〈Cmd/Ctrl〉键将确认并关闭径向滤镜工具。

修改前后对比图如图2.22所示。

图2.21 复选框未选中状态

图2.22 径向滤镜修改前后对比图

2.12　调整照片局部之调整画笔工具

先点击需要处理的照片，再点击修改照片工具栏，选择调整画笔，或者按键〈K〉，开始调整：使用"修改照片"模块中各个调整面板上的控件，可以调整一整张照片的颜色和色调。但是，有时不希望对整张照片进行全局调整，而希望对照片的特定区域进行校正。例如，可能需要在人物照片中增加脸的亮度，使其变得突出，或者在风景照片中增强蓝天的显示效果。要在 Adobe Photoshop Lightroom CC中进行局部校正，可以使用"调整画笔"工具应用颜色和色调调整。

使用"调整画笔"工具，可以通过在照片上进行"喷涂"，有选择性地应用"曝光度""清晰度""亮度"和其他调整。与 Adobe Photoshop Lightroom CC的"修改照片"模块中应用的其它所有调整一样，局部调整也是非破坏性的，不会永久应用于照片。

（1）应用调整画笔。

1）在"图库"模块中选择要编辑的照片，然后按〈D〉键切换到"修改照片"模块。在"修改照片"模块中，要切换到其他照片，请从"收藏夹"面板或胶片显示窗格中进行选择。

2）在"修改照片"模块的工具条中，选择"调整画笔"工具，如图2.23所示。

3）从"效果"弹出菜单中选择要进行的调整类型，或拖动滑块，具体参数描述如下。

①色温：调整图像某个区域的色温，使其变暖或变冷。渐变滤镜温度效果可以修饰在混合照明条件下拍摄的图像。

②色调：对绿色或洋红色投影进行补偿。

③曝光度：设置整体图像亮度。应用曝光度局部校正可以取得类似于传统减淡和加深的效果。

④高光：恢复图像过曝高光区域的细节；阴影恢复图像曝光不足阴影区域的细节。

⑤白色色阶：调整照片中的白点；黑色色阶 调整照片中的黑点。

⑥对比度：调整图像对比度，主要影响中间色调；饱和度 调整颜色的鲜明度。

⑦清晰度：通过增加局部对比度来增加图像深度，使得细节更加清晰。

⑧去朦胧：减少或增加照片中的现有朦胧量，使得细节更加通透。

⑨锐化程度：可增强边缘清晰度，以在照片中突显细节。负值表示细节比较模糊。

⑩杂色：减少明亮度杂色，当打开阴影区域时这一点会变得很明显，也就是噪点的去除。

图2.23　添加调整画笔

⑪波纹：消除波纹伪影或颜色混叠，比如摩尔纹。

⑫去边：消除边缘的边颜色，比如紫边。

⑬颜色：将色调应用于受局部校正影响的区域。通过单击色板，选择色相。如果将照片转为黑白，将保留色彩效果。

⑭其他效果：其他效果适用于特定任务，例如美白牙齿、增强光圈或柔化肤色。

注意：如果焦色（变暗）、减淡（变亮）、光圈增强、柔化皮肤或牙齿美白不可用，请选择"Lightroom"＞"首选项"(Mac OS)，或选择"编辑"＞"首选项"(Windows)。在"预设"面板中，单击"还原局部调整预设"。

4）拖动各个效果滑块以增大或减少相应的值，如图2.25右上所示。

5）调整画笔 A 为指定选项。

①大小：指定画笔笔尖的直径（像素）。

②羽化：在应用了画笔调整的区域与周围像素之间创建柔化边缘过渡效果。使用画笔时，内圆和外圆之间的距离表示羽化量。

③流畅度：控制应用调整的速率。

④自动蒙版：将画笔描边限制到颜色相似的区域。

⑤密度：控制描边中的透明度程度。

6）在照片中拖动以应用该效果。

标记将显示在初始作用点上，并且"蒙版"模式将更改为"编辑"。

（2）要编辑"调整画笔"效果，可以执行以下任意操作。

1）按〈H〉键可隐藏或显示标记，或者从工具栏上的"显示编辑标记"菜单中选择显示模式。

2）按〈O〉键可隐藏或显示"调整画笔"工具效果的蒙版叠加，或者使用工具栏上的"显示选定的蒙版叠加"选项。

3）按〈Shift+O〉键可循环切换"调整画笔"工具效果的红色、绿色或白色蒙版叠加。

4）拖动"效果"滑块。

5）按〈Ctrl+Z〉（Windows）键或〈Command+Z〉（Mac OS）键以还原调整历史记录。

6）单击"复位"可删除选定工具的所有调整。

7）通过选择"调整画笔"的标记并按〈Delete〉键来删除这两种效果（见图2.24和图2.25）。

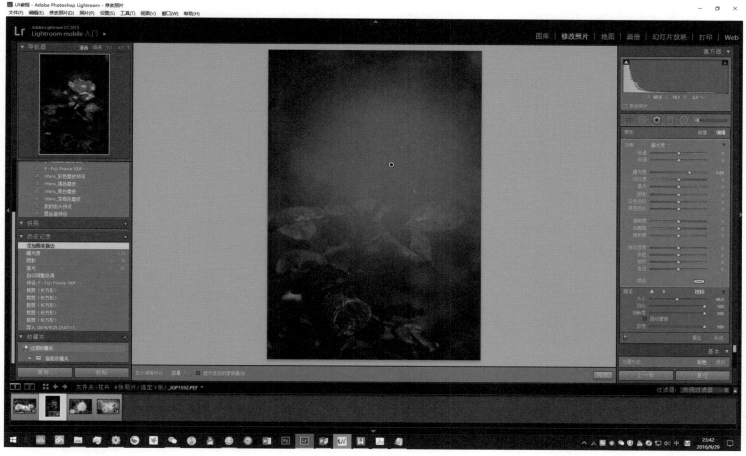

图2.24　删除效果

"调整画笔"工具将指针移至标记上，向右拖动双向箭头以增强效果，或向左拖动以减弱效果。

"调整画笔"工具要还原某一部分调整，请选择"擦除"画笔选项，并在调整上喷涂。

（3）处理多处局部调整。应用和处理多处局部调整时，请注意以下事项。

1）单击任一定位点，将其选中，选中的定位点中心呈黑色。未选中的定位点为白色实心圆点。

2）按〈H〉键一次可显示选中定位点，按第二次可隐藏所有定位点，按第三次将显示所有定位点。

3）选择"调整画笔"工具时，只能编辑调整定位点。

4）在"调整画笔"工具箱中，可以为两个画笔（A 和 B）指定选项。单击相应字母可选择所需画笔；按〈/〉正斜线键可在这两个画笔之间切换。无论您选择应用什么效果，在您更改画笔选项之前，这些选项都会保持不变。

（4）创建局部调整效果预设。要创建局部调整效果预设，请执行以下步骤。

1）使用"调整画笔"工具应用效果。

2）从"效果"弹出菜单中选择"将当前设置存储为新预设"。

3）在"新建预设"对话框的"预设名称"框中键入名称，然后单击"创建"。

此时预设将显示在"效果"弹出菜单中。注意："调整画笔"工具预设不包含画笔选项。详细对比图如图2.26所示。

图2.25　调整画笔前后对比图

2.13　调整作品全局之制作黑白摄影作品

使用软件自带预设文件直接修改为黑白；Adobe Photoshop Lightroom CC有黑白滤镜预设文件和黑白色调预设文件，您可以直接点击应用这些风格，然后在其基础上修改，形成自己的风格。直接调整模块中的参数将自己作品修改为黑白，自成一体。

（1）将彩色数码作品转化为黑白照片的原因。

1）个人喜好和审美偏向。有些照片处理成黑白，意境更加突出，色调更加简洁。

2）如果拍摄到的彩色照片噪点过多，天空等高光部分过曝，色温、白平衡不准，也可以将彩色照片转化成黑白，效果会有惊喜的回报。

3）大光比或色彩单调的照片，处理成黑白也会有意想不到的效果。

（2）Adobe Photoshop Lightroom CC黑白照片的转换一般步骤。

1）然后将相应文件导入到图库中，选择照片，点击修改模块，在右侧工具栏的色彩模式中选择"黑白"，然后点击"自动白平衡""自动色调"。

2）根据照片具体的情况以及自己想要的某种色调，调整高光、阴影、白色色阶、黑色色阶、清晰度。

3）如果色彩知识很专业，可以在下面的"黑白混合"的8个色彩渠道中进行适当的调节，以达到个人的色调创作目的，形成个人的风格。

4）在"细节"项下对照片的锐化、杂色（噪点）等做适当的调整。调节照片至自己想要的效果。

5）如果觉得3:2的画幅不喜欢，可以尝试1:1的方构图裁剪，当然更多的6:12,6:17,6:24等胶片裁剪模式都可以选择试验，以达到个人的创作目的。

6）"效果"项目里面的去朦胧会使作品更加的透彻（见图2.26），具体见2.15节详细介绍。

图2.26　"去朦胧"效果

2.14 调整作品之整体和局部降低噪点

1. 整体全局降噪

使用〈Ctrl+5〉键（Mac: Command+5）可以打开细节面板。细节面板由上至下被分成三个部分，最上方是一个方形的导航窗格。在窗格内部单击能够在适合视图（Fit）和100%放大视图之间进行切换，也可以在窗口中右键单击（Mac: Control+单击）选择放大到200%。在细节面板中通常需要使用100%放大视图来仔细观察照片的细节，所以Adobe Photoshop Lightroom CC在细节面板内部强制提供了一个放大预览视图。

（1）降噪的默认参数。降噪区域被进一步分成两个子区域，上方是亮度降噪区域，下方是颜色降噪区域。无论打开什么类型的文件，明亮度命令的默认值都是0，但是颜色命令的默认值不一定是0。在打开JPEG，TIFF和PSD等文件的时，颜色降噪的默认值也是0，然而如果使用RAW文件，会发现Adobe Photoshop Lightroom CC默认的颜色命令值是25。在处理RAW文件照片时将颜色命令的值设置到0，然后根据需要进行调整。

（2）去除照片的颜色噪点。颜色噪点表现为红色、绿色或者蓝色的杂点。颜色噪点对照片的外观影响是非常明显的，因此和亮度噪点相比，更需要注意的是颜色噪点。除非照片的噪点非常明显，在绝大多数情况下颜色噪点都可以获得相对较好的解决。在去除颜色噪点之后，照片的细节通常也不会受到明显的影响。颜色降噪的操作非常简单，向右侧移动颜色滑块将增加颜色降噪的强度。使用降噪命令的较好方法是激活颜色命令数值框，使用〈↑〉键或〈↓〉键进行数值调整并且观察效果。

如果希望较快调整数值，可以使用〈Shift+↑〉键或者〈Shift+↓〉键。在大多数情况下，颜色降噪命令的值不需要设置很高，甚至基本不需要超过Adobe Photoshop Lightroom CC的默认值25。颜色降噪值的设置原则是使用能够去除颜色噪点的最小值。即使对于噪点很高的照片，使用较低的颜色降噪设置值往往也可以较好地去除颜色噪点。颜色降噪命令会影响色彩。细节命令控制的是噪点的阈值，细节设置得越高，Adobe Photoshop Lightroom CC将倾向于保留更多细节，同时增加对噪点的宽容度，细节设置越低情况则相反。在进行亮度降噪之后，通常照片总会显得非常不清晰和模糊。这时候，我们要使用锐化命令来找回部分丢失的照片细节。

在导航窗格下方是锐化区域，在面板的最下方是减少杂色区域，也就是我们这里所要说的降噪区域。单击细节面板左上角的按钮能够在画面上直接选择需要放大的区域以显示在导航窗格中。

导航窗格右侧有一个黑色的小三角，单击这个小三角能够关闭导航窗口（见图2.27）。

图2.27　关闭导航窗口

2. 局部降噪

利用Adobe Photoshop Lightroom CC里的画笔、径向滤镜等工具都可以进行局部降噪，但其限制是只可以去除亮度噪点。具体方法如下。

（1）根据选取范围的不同，选用各种工具。

（2）如图2.28所示，使用了渐变滤镜，在右列的工具栏中调整"噪点"数量。数字越大，降噪效果越明显，但只能去除亮度噪点，不能做细节和对比度的微调。

图2.28　"噪点"改量调整

2.15　调整作品之整体和局部使用去朦胧使得作品更加透彻（去朦胧、去雾气）

该参数使的作品更加透彻，清晰，色彩也可以艳丽和淡然。

在修改照片中的基本模块的效果——去朦胧参数中调整曝光和去朦胧，如图2.29所示，就可以去掉雾霾，并且效果显著。风光、人文、人像均可以使用。

图2.29　去朦胧参数调整

去朦胧功能现在可作为局部调整使用。在使用径向滤镜、渐变滤镜或调整画笔时，调整去朦胧滑块控件。 有了去朦胧功能，鲜艳度和饱和度几乎都不用了，稍微加大去朦胧的参数，天空的云层就出现了，蓝盈盈的天空，彩色的晚霞，很厉害。特别是对于雨雾天气和低档次的镜头和相机来讲是很大的福音。再加上Adobe Photoshop Lightroom CC的渐变滤镜、径向滤镜或调整画笔，可以无损修复作品中的任意部分的色彩、色相、清晰度、去朦胧等等。图2.30所示为就是简单使用了去朦胧效果后的"陕西省渭南市渭河河堤公园晚霞"，2016年拍摄，数码接片。通过上面的对比，不得不赞叹科技发展飞速，电脑后期软件更新的快速，现在，朦朦胧胧看不清楚也可以1s变清晰；将来会是怎样，真的不太好想，所有的创作都可以在电脑上完成，甚至自动完成不加干预。

图2.30　去朦胧效果图

去朦胧功能位置在修改照片模块的基本操作的效果里面，就在最底下的相机校准上面，拖动滑块以增大或减少相应的值，或者按动小键盘的上下小箭头来微调滑块参数，以达到您调整修改作品的目的。范围在-100～100之间，也就是说如果我们把滑块往负数的地方调整，还可以达到增加雾气的效果。所以必须时刻对照直方图以及显示器的效果来做判断。通过上面的对比图可以看到"去朦胧"功能的去雾增雾功能都非常的明显、而且真实，当然十分方便也是非常重要的，只需要一个步骤就可以完成工作。另外提一下，虽然"去朦胧"功能也可以用于JPG格式的照片，但是使用RAW格式的照片做这样的处理对于画质的损失会更少，也就是说，要是外出拍片遇到大雾天，记得采用RAW作为记录格式。

2.16　调整作品以合成全景图

Adobe Photoshop Lightroom CC允许将一个风景的多张照片合并为一张叹为观止的全景图。可以在生成合并图像之前查看全景图的快速预览，并对它进行调整。

（1）在 Adobe Photoshop Lightroom CC中选择源图像。最少两张。

（2）依次选择照片＞照片合并＞全景图，或按〈Ctrl/Control+M〉键，如图2.31所示。

（3）在"全景图合并预览"对话框中，如果希望 Adobe Photoshop Lightroom CC 自动选择布局投影，请选择自动选择投影。Adobe Photoshop Lightroom CC可分析源图像并应用透视、圆柱和球面布局，具体取决于哪一种投影能够生成更好的全景图，如图2.32所示，也可以手动选择布局投影。

1）球面：对齐和变换用于球面内映射的图像。此投影模式非常适合用于真正的广角或多行全景图。

2）透视：投射用于平面映射的全景图。由于此模式会使直线保持笔直，因此它很适合用于建筑摄影。真正的广角全景图可能并不适合使用此模式，因为在生成的全景图的边缘附近会产生多余的扭曲。

3）圆柱：投射用于圆柱内映射的全景图。此投影模式非常适合于广角全景图，但它也会使垂直线保持笔直。

所有这些投影模式都同样适合于水平和垂直全景图。

图2.33是自动接片效果，图2.34是使用了圆柱形，自动裁剪的效果。

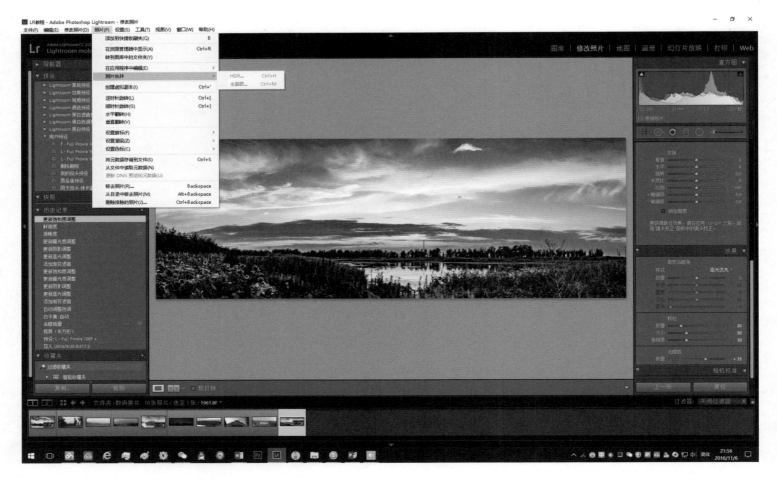

图2.31　照片合并

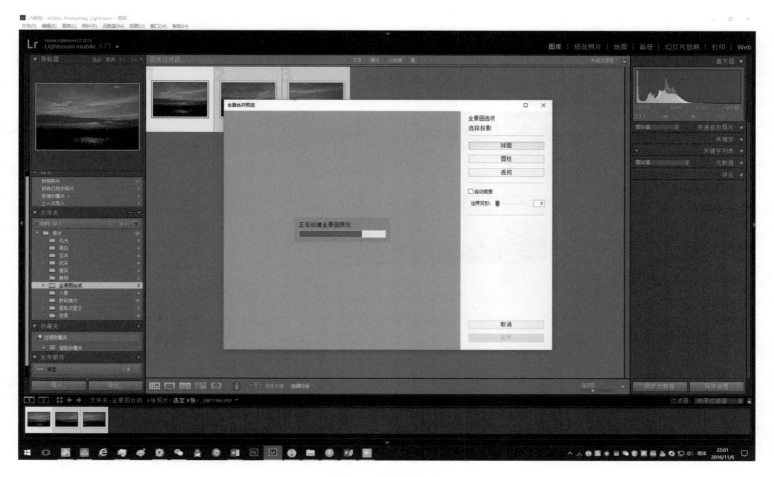

图2.32 全景图合成

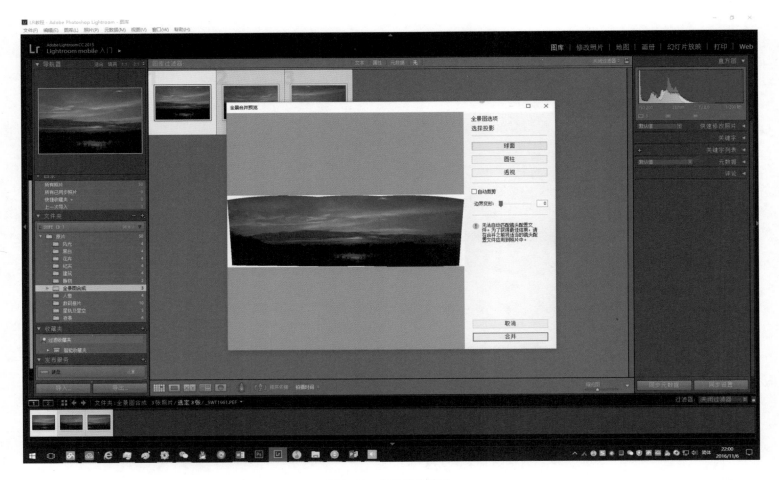

图2.33　自动接片效果

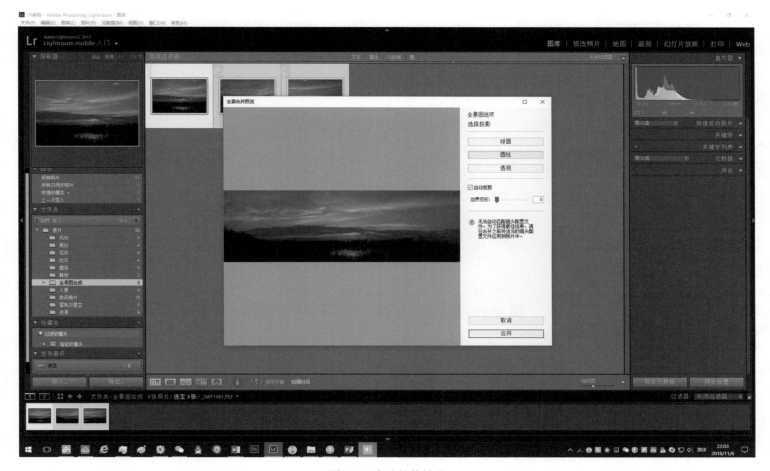

图2.34 自动裁剪效果

（4）在预览全景图时，请选择"自动裁剪"以移去合并图像周围不需要的透明区域。自动裁剪可移除透明区域。

（5）可以使用边界变形滑块设置（0~100）将全景图变形，以填充画布。使用该设置，可将合并图像边界区域的图像内容保留下来，否则会因为裁剪而导致内容丢失。滑块可以控制边界变形的程度。

只有 Adobe Photoshop Lightroom CC 中提供了"边界变形"功能。

滑块值越高，全景图与四周的矩形框架贴合得越紧密。

（6）在完成选择后，单击合并。Adobe Photoshop Lightroom CC可创建全景图并将它放入个人目录，生成的全景图文件是DNG格式。

注意：可以将所有的修改照片模块设置应用于全景图，就像把它们应用于单个图像一样。

Adobe Photoshop Lightroom CC可创建垂直和多行全景图。对源图像的元数据和边界进行分析，以确定最适合它们的是水平、垂直还是多行全景图。

从实践来看，Adobe Photoshop CC 的自动合成技术目前比Adobe Photoshop Lightroom CC生成的文件要精细，可根据自己的实践决定使用那个软件来合成全景图。

2.17　调整作品之使用直方图调整作品整体色调

直方图表示照片中各明亮度百分比下像素出现的数量。如果直方图从面板左端一直延伸到面板右端，则表明照片充分利用了色调等级。若直方图没有使用完整色调范围，则可能导致图像对比度低而昏暗。如果直方图在任一端呈现峰值，则表明对照片进行了阴影或高光剪切。剪切可能会导致图像细节损失。直方图左端表示明亮度为 0% 的像素，右端表示明亮度为 100% 的像素，如图2.35所示。

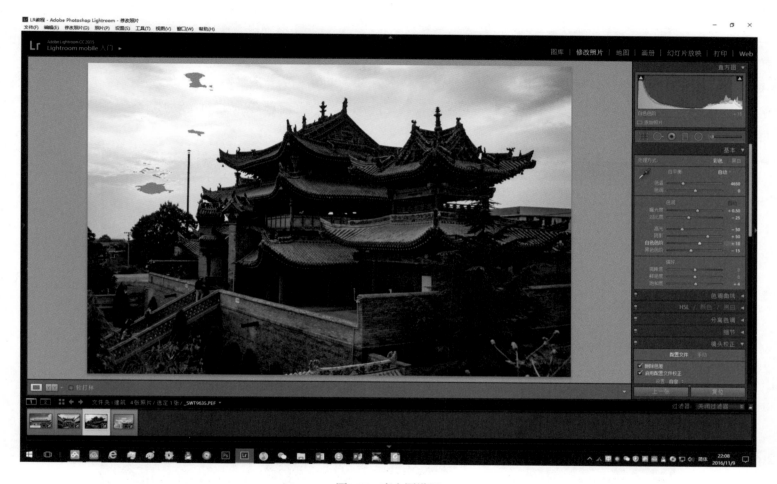

图2.35　直方图设置

直方图由三个颜色层组成，分别表示红色、绿色和蓝色通道。这三个通道发生重叠时将显示灰色； RGB 通道中任两者发生重叠时，将显示黄色、洋红或青色：黄色相当于"红色"+"绿色"通道，洋红相当于"红色"+"蓝色"通道，而青色则相当于"绿色"+"蓝色"通道。

（1）在修改照片模块中， "直方图"面板的某些特定区域与"基本"面板中的色调滑块相关。可以通过在直方图中进行拖动来调整色调。所做的调整将反映在"基本"面板上的对应滑块中。在直方图的"曝光度"区域进行拖动时， "基本"面板上的"曝光度"滑块会相应调整，如图2.36所示。

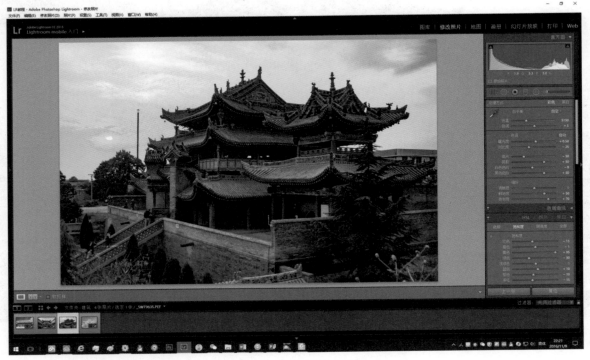

图2.36　"曝光度"调整

1）将指针移至直方图中要调整的区域。此时受影响的区域将会高亮显示，而受影响的色调控件的名称显示在面板左下角。

2）将指针向左或向右拖动，调整"基本"面板中的相应滑块值。

（2）查看 RGB 颜色值。在照片上移动时，位于修改照片模块中"直方图"下面的区域将显示"手形"或"缩放"工具所在位置单个像素的 RGB颜色值。

可以根据这些信息判断是否剪切了照片中的任何区域，如 R，G 或 B 值是 0% 黑色还是 100% 白色。如果被剪切区域中至少一个通道有颜色，也许可以使用该通道恢复照片中的某些细节，如图2.37所示。

图2.37　某些细节恢复

（3）预览高光剪切和阴影剪切。可以在处理照片时预览照片中的色调剪切。剪切是指像素值向最大高光值或最小阴影值的偏移。剪切区域是全黑或全白的，不含任何图像细节。当调整"基本"面板中的色调滑块时，可以预览剪切区域。

（4）剪切指示器。剪切指示器位于修改照片模块中直方图面板的顶部。黑色（阴影）剪切指示器在左上角，白色（高光）指示器在右上角。

移动"黑色色阶"滑块，观察黑色剪切指示器。移动"曝光度"或"白色色阶"滑块，观察白色色阶剪切指示器。当所有通道中均发生了剪切时，指示器之一将呈白色。如果剪切指示器呈彩色，则表明剪切了一个或两个通道。

要在照片中预览剪切，请将鼠标指针移至剪切指示器。单击该指示器可使预览保持为打开状态。

照片中的黑色剪切区域将呈蓝色，而白色剪切区域呈红色。

要查看每个通道的图像剪切区域，请在修改照片模块的"基本"面板中移动滑块时按〈Alt〉键(Windows)或〈Option〉键（Mac OS）。

对于"高光修正"和"白色色阶"滑块，图像变黑，而剪切区域显示为白色。对于"黑色色阶"滑块，图像变白，而剪切区域显示为黑色。彩色区域指示在一个颜色通道（红色、绿色、蓝色）或两个颜色通道（青色、洋红、黄色）中剪切。

建议最好使用小键盘上的上、下箭头来调整曝光等各个参数，这样能更加精细地调整作品。

2.18 调整作品之使用色调曲线微调作品色调

修改照片模块的"色调曲线"面板中的曲线图反映了对照片的色调等级所做的更改。水平轴表示原始色调值（输入值），其中最左端表示黑色，越靠近右端色调亮度越高。垂直轴表示更改后的色调值（输出值），其中最底端表示黑色，越靠近顶端色调亮度越高，最顶端为白色。使用色调曲线，可以对在"基本"面板中对照片所做的调整进行微调。

（1）"修改照片"模块中的"色调曲线"面板。

如果曲线上的某个点上移，色调会变亮；如果下移，色调会变暗。45°的直线表示色调等级没有任何变化：原始输入值与输出值完全相同。当第一次查看没有进行调整的照片时，可能会看到一条弯曲的色调曲线。这种初始曲线反映了 Adobe Photoshop Lightroom CC

在导入照片期间对照片应用的默认调整，如图2.38所示。

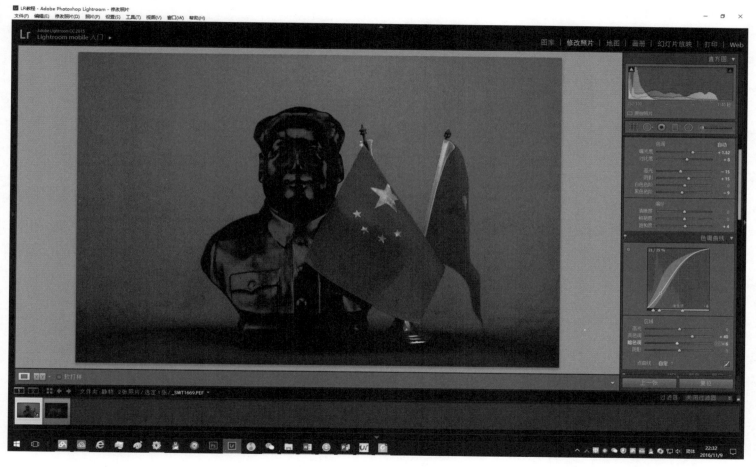

图2.38　色调曲线微调

"暗色调"和"亮色调"滑块主要影响曲线的中部区域。"高光"和"阴影"滑块主要影响色调范围的两极区域。

要调整色调曲线，请执行以下任一操作。

（1）单击曲线，并向上或向下拖动。拖动时，受影响的区域将会高亮显示并且相关滑块进行移动。原始色调值与新色调值显示在色调曲线图的左上角。

可以将4个"区域"滑块中的任意滑块向左或向右拖动。拖动时，曲线在受影响区域（高光、亮色调、暗色调和阴影）之内移动。该区域在色调曲线图中高亮显示。要编辑曲线区域，请拖动位于色调曲线图底部的分离控件。将分离控件滑块向右拖动可扩大该色调区域；向左拖动可缩小该区域。

（2）单击以选择"色调曲线"面板左上角的"目标调整"工具，然后单击要调整的照片区域。拖动或按向上键和向下键，可以让照片中所有相近色调的值变亮或变暗。

（3）从"点曲线"菜单中选择一个选项："线性""中对比度"或"强对比度"。该设置将体现在曲线中，但不会反映在"区域"滑块中。

注意： 对于导入时带有元数据以及之前使用 Adobe Camera RAW 色调曲线编辑过的照片，"点曲线"菜单为空，如图2.39所示。

要调整色调曲线上的单个点，请从"点曲线"菜单中选择一个选项，单击"编辑点曲线"按钮，然后执行以下任一操作。

（1）从"通道"弹出菜单中选择一个选项。可以同时编辑所有3个通道，也可以选择分别编辑红色、绿色或蓝色通道。

（2）单击以添加一个点。

（3）右键单击〈Windows〉键或按住〈Control〉键的同时单击（Mac OS）某个点，然后选择"删除控制点"以删除该点。

（4）拖动某个点以对它进行编辑。

要随时返回到线性曲线，请在曲线图中的任意位置右键单击〈Windows〉键或按住〈Control〉键的同时单击（Mac OS），然后选择"拼合曲线"。

建议最好使用小键盘上下箭头调整高光等各个参数，这样能更加精细地调整作品。

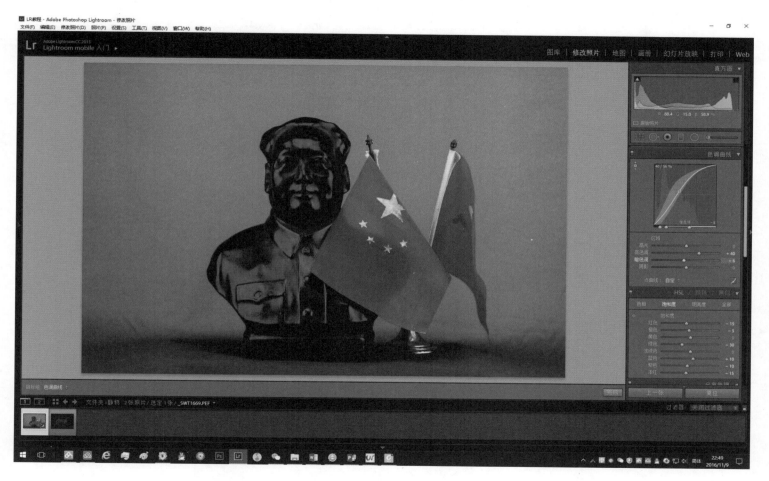

图2.39　色调曲线编辑

2.19 调整作品之使用 HSL滑块微调作品颜色

使用修改照片模块中的"HSL"和"颜色"面板，可以调整照片中的各种颜色范围。例如，如果一个红色对象看上去过于鲜明和显眼，可以使用"红色"对应的"饱和度"滑块调整该对象。请注意，照片中所有相近的红色都将会受到影响。

在"HSL"与"颜色"面板中进行调整后产生的结果类似，但这两个面板组织滑块的方式并不相同。要打开所需面板，请在"HSL/颜色/黑白"面板标题中单击其名称。

这些面板中的滑块作用于特定的颜色范围：更改颜色。例如：可以将蓝天（以及所有其他蓝色对象）由青色更改为紫色。更改颜色鲜明度或颜色纯度。例如：可以将蓝天由灰色更改为高饱和度的蓝色。更改颜色范围的亮度。在 HSL 面板中进行调整：在"HSL"面板中，选择"色相""饱和度""明亮度"或"全部"显示您要使用的滑块。拖动滑块，或在滑块右侧的文本框中输入值。

单击此面板左上角的"目标调整"工具，将指针移至照片中要调整的区域，然后单击鼠标。拖动指针或按向上键和向下键进行调整。例如：调整脸色，可以将目标调整工具放置到脸部，调整橙色的明亮度以使得脸部稍微显白。

在颜色面板中进行以下调整。

（1）在"颜色"面板中，单击一个色卡显示您要调整的颜色范围。

（2）拖动滑块，或在滑块右侧的文本框中输入值。

个人建议，最好使用小键盘上下箭头调整HSL中的各个参数，这样更加精细的调整作品，如图2.40所示。

图2.40 HSL清块微调

2.20 调整作品之清晰度解读

Adobe Photoshop Lightroom CC中"清晰度"（Clarity）的设置滑块，这个滑块的值从-100～100。清晰度设置主要是对中间调产生影响。它产生影响的方式是增加反差，而且通常不会引起太多的噪点。调整的时候对照直方图看看照片的效果。

调整清晰度对于明亮的天空没有太大变化，建筑物上的暗色区域一般也没有太大变化。因为这些部分位于中间调。清晰度滑块会影响中间调。不会在高光或阴影区增加噪点，而其他增加反差的操作就会。对大多数照片来说这是个有用的功能，只是小心不要滥用了它，否则它会令边缘过于生硬。

如何彻底活用Adobe Photoshop Lightroom CC进行清晰度控制，让你能随心所欲掌握照片质感与纹理。当遇到阴天或光线质量不佳环境，拍出来的照片常常感觉不够立体，无法给人留下深刻印象，这时就可以试着运用Adobe Photoshop Lightroom CC的清晰度调整功能，还原物体的质地和锐利感。

在开始之前，先来对清晰度（Clarity）与对比度（Contrast）进行初步的比较。调整对比度虽然可以强化亮部与暗部，但其缺点是，可能会丧失一些亮部细节，而清晰度调整除了能强化细节以外，在亮部区块质感保留上也非常良好，非常适合运用在各种主题。

个人建议，最好使用小键盘上下箭头调整清晰度的滑块中的参数值，这样更加精细的调整作品，如图2.41所示。

（1）如果想特别强调质感，可以考虑把照片转换成黑白色系，接着尝试调高清晰度和对比度，能让照片更显风格。

（2）也可以局部调整，以视觉焦点为前提，进行强化被摄主体的质感，使用Adobe Photoshop Lightroom CC的笔刷滤镜和径向滤镜工具，圈选被摄主体的范围后，以局部方式加强清晰度和对比度，能让主体更为突出抢眼。

（3）如果需要强调眼睛的锐利感，使用Adobe Photoshop Lightroom CC的笔刷滤镜，在人像的眼睛部分覆盖涂抹均匀，再来调整局部的清晰度即曝光值（EV），如此一来就能带出炯炯有神的立体双眼。

（4）而柔化人像肤质，就是一般我们常说的磨皮，就是以数码暗房后期处理方式来柔化人像肤质，您可以使用清晰度，反其道而行，其实也能当成一种磨皮工具。一样先使用Lightroom的笔刷功能，把想进行柔肤的脸部区域涂满，再来调整该区域的清晰度，将清晰度数值调得越低，肤质感觉就更加平滑柔顺，但还是要注意不要调得太过头，否则会感觉假假的，如同橡胶人一样。清晰度调整完毕后，可以稍微拉高一点锐利度（Sharpness），加强一些肌肤的纹理与质感。如上图为我的街头摄影作品，清晰度提高了+30，其他调整参数值见例图，墙壁的细节以及对联的质感都有所提高，所以最好要有一个宽色域，至少80%NTSC或100%sRGB的好显示器，这样可以看到更多的细节和色彩，如图2.42所示。

图2.41　清晰度调整

图2.42 柔滑人像肤质

2.21 调整作品以锐化作品

以下以笔者的摄影作品——陕西省渭南市蒲城县林则徐纪念馆为例调整。

宾得K5数码相机的数码底片RAW文件，一般选择的Adobe Photoshop Lightroom CC锐化数值为50~80，半径为1.2~1.5比较合理，如图2.43所示。

图2.43　锐化值选择

锐化选项下的蒙版为0，就是对全图进行锐化。当拍摄的是人像特写时，只对头发和眼睛锐化，面部不锐化或小量参与锐化时，可以按住〈Alt〉键拖动蒙版的滑块向右出现右上图的效果，白色的就是参与锐化，黑色部分是被保护不参与的（根据个人的需要来调节），这样可以保持皮肤柔和头发清晰的效果。

当然最终以需要输出的介质和媒体为锐化的最终目的，打印机和展出的环境、展出介质不同，对锐化的参数值要求都是不一样的，必须严格细致做好调整。

Adobe Photoshop Lightroom CC锐化是有损的调整，会改变图像原有的细节，锐化的本质是中间模糊，进来突出边缘的细节。锐化的基本参数有半径，控制锐化范围细节，保留基本的细节对比度，蒙版层，如图2.44所示。

图2.44　锐化

可以细致的调整锐化，单击此面板左上角的"目标调整"工具，将指针移至照片中要调整的区域，然后单击鼠标。拖动指针或按向上键和向下键进行调整。例如：调整图中建筑中的木刻，可以将目标调整工具放置到木刻，调整锐化参数值以使得木刻细节更加清晰，如图2.45所示。

图2.45　木刻

2.22　调整作品以导出作品

导出作品的时候，可以缩小、扩大摄影作品、给作品加字、加水印、设置分辨率和大小以及再次锐化。可以使用软件的预设导出，也可以自定义参数存储为个人的预设导出格式文件导出到指定的文件夹下使用，如图2.46所示。

图2.46　导出作品

一般可存储三个预设，一个原图大小，一个网络交流（长边2 000像素，比如每日头条发布等），一个微信公众号（长边900像素，适应手机浏览），分辨率都选择300大小，如图2.47所示。

图2.47　预设存储

　　导出时最好建立一个空的文件夹专门用于文件导出存放，图像格式一般选择JPEG，色彩空间选择RGB，色彩空间根据出图的目的不同选择不同，并且选择屏幕锐化。

　　Adobe RGB 和sRGB的区别如下。

　　首先在于开发时间和开发厂家不同。sRGB色彩空间是美国的惠普公司和微软公司于1997年共同开发的标准色彩空间（standard Red Green Blue），而Adobe RGB色彩空间是由美国以开发Photoshop软件而闻名的 Adobe公司1998年推出的色彩空间标准，它拥有宽广的色彩空间和良好的色彩层次表现，与sRGB色彩空间相比，它还有一个优点：就是Adobe RGB还包含了sRGB所没有完全覆盖的CMYK色彩空间。这使得Adobe RGB色彩空间在印刷等领域具有更明显的优势。

　　使用sRGB还是可以拥有美丽的照片，只是若有输出需求的朋友，Adobe RGB提供了更宽广的色彩范围，这一切还是取决于个人的喜好。Adobe RGB确实提供了更丰富的色彩范围，但也多了一分复杂度，所以如果你们也是像我一样的完美主义者，同时又有输出需求，使用Adobe RGB获得更好的色彩表现，或许是一个不错的选择，如图2.48所示。

　　Lightroom导出照片会出现 "部分导出操作没能执行" "no enough memory"的故障原因。

　　（1）在Lightroom软件里面，选择菜单栏-编辑-首选项，有个RAW缓存，你设置到非系统磁盘的其他磁盘空间，最好是硬盘里空间最大的那个磁盘分区，然后设置缓存空间大小，32 GB大小一般。

　　（2）电脑硬件最好内存大一些，最少8 GB。

　　（3）导出大量RAW格式照片前尽量重新启动电脑后再导出（清空目前电脑内存占用的缓存）。

　　（4）在"图库"模块下导出比在"修改照片"模块下导出成功率要高。

　　（5）再重新启动电脑后选择Lightroom图库左边目录未成功导出的照片，重新导出即可。

图2.48　色彩调整

第 3 章
Adobe Photoshop Lightroom CC主流摄影题材作品后期简要处理流程

在胶卷时代，摄影师们只能在暗房中完成照片的后期制作，到了数码时代，层出不穷的后期软件让摄影师们眼花缭乱，但说到功能强大而又简单易上手的后期软件，则非Adobe Photoshop Lightroom CC莫属了。 在日常的数码摄影作品后期处理时，使用Adobe Photoshop Lightroom CC可以较快的建立一套自己喜欢、有自己风格的摄影作品后期数码暗房处理流程。而使用Adobe Photoshop Lightroom CC的渐变滤镜等滤镜和设置更是可以快速建立自己喜欢的光影效果，速战速决，画面直观，效果满意。

以下就风光、夜景、花卉、纪实、建筑、静物、人像、黑白、星空星轨数码摄影前期各项准备及后期暗房使用Adobe Photoshop Lightroom CC的处理流程作简要介绍。

3.1 风 光

风光类摄影题材作品的Adobe Photoshop Lightroom CC简要处理流程如下。

1. 渐变滤镜

渐变滤镜是Adobe Photoshop Lightroom CC处理风光类摄影题材作品的第一个魔力工具。最好RAW格式记录，后期数码暗房打开渐变滤镜工具后，可以把鼠标放在圆点上拖动滤镜的位置，同时可以通过移动羽化线来改变选取的范围，然后大家参考第2章中的具体渐变滤镜的详细介绍进行调整就可以了）。渐变滤镜在很多种情况下都可以使用，用户自己多多试验一下，乐趣无穷！图3.1和图3.2所示为拍摄的荷塘晚霞，就是在处理过程中使用Adobe Photoshop Lightroom CC二次渐变滤镜快速处理的一张数码摄影作品，同时也自定义了总体的色温以致色调向暖。

图3.1　荷塘晚霞1

图3.2　荷塘晚霞2

最终数码暗房处理后的作品效果，2009年，荷塘晚照，陕西省渭南市临渭区如图3.3所示。

图3.3　荷塘晚霞3

2. 调整画笔

在渐变滤镜的同排中，可以看到调整画笔工具。这个工具像是Ps CC蒙版的简化版，对画笔涂抹过的区域进行调整。在选中调整画笔工具并把画笔移到照片中时，可以看到画笔由两个圆圈组成，里面的是实心部分，外面的则是羽化部分;如果想如果想查看笔画作用的范围，在图3.4所示下面的〈显示选定的蒙板叠加〉打勾(箭头），显示的红色部分即为画笔作用的区域。大家可以参考第2章中的具体调整画笔的详细介绍进行调整就可以了，同时也自定义了总体的色温以致色调向冷，如图3.4、图3.5和图3.6所示。

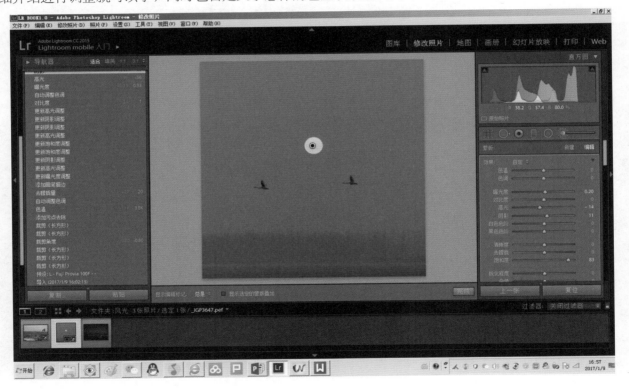

图3.4　调整画笔

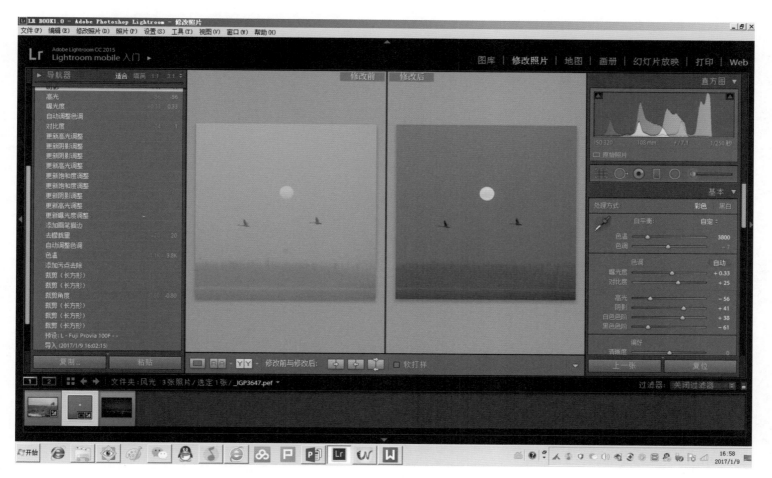

图3.5　调整画笔前后对比图

最终数码暗房处理后的作品效果，2013年，晨，山西省平陆县西湾村，如图3.6所示。

图3.6　调整画笔最终效果图

3.高光/阴影调整（曝光度调整）

对于风光摄影师而言，遇到大光比的场景是常有的事。很多时候，由于种种原因，都需要进行后期调整。那么，在这种情况下，高光和阴影这两个工具对恢复照片高光或暗部的细节起到非常重要的作用。

Adobe Photoshop Lightroom CC和PS的Camera RAW是一个引擎，但Adobe Photoshop Lightroom CC的功能更全面，界面更友好。Adobe Photoshop Lightroom CC主要用在对RAW的后期调整，而PS则是对Adobe Photoshop Lightroom CC之后的进一步修饰。如图3.7、图3.8和图3.9所示均采用自动色温处理。

图3.7 曝光度调整

图3.8 曝光度调整前后对比图

最终数码暗房处理后的作品效果，2013年，东府之夜，陕西省渭南市临渭区。

图3.9　曝光度调整最终效果图

3.2　夜　景

夜景类摄影题材作品的Adobe Photoshop Lightroom CC简要处理流程如下。

色温这个工具，对于风光摄影师来说是必不可少的。在Adobe Photoshop Lightroom CC中，摄影师可以根据自己的喜好改变色温，不用在拍摄时特意对相机的色温进行改变。如果用图3.10中黄色边框内的吸管工具找到色温平衡点，还可以自动修正白平衡。不过在拍摄时最好使用RAW格式，可参考第2章中的具体色温的详细介绍进行调整就可以了。图3.10采用自动的色温，色调向冷处理。

另外、高光和阴影这两个工具对恢复照片高光或暗部的细节可以起到非常重要的作用，但最棒的是污点去除工具，解决了CMOS的脏点，如图3.10、图3.11和图3.12所示。

图3.10　污点去除

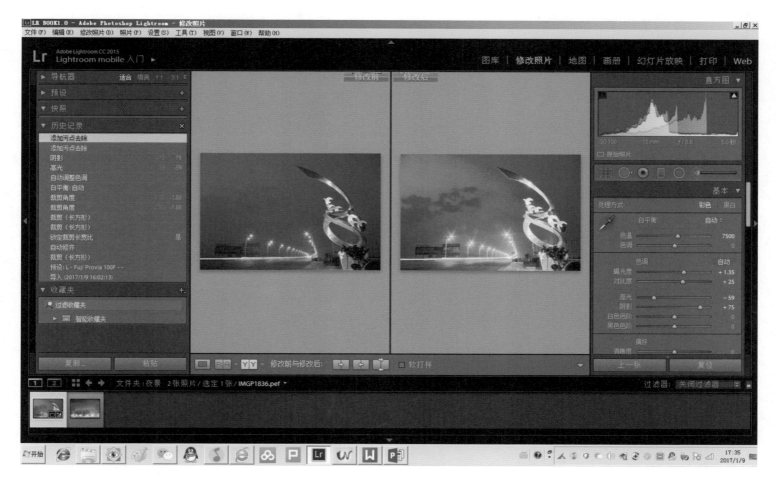

图3.11　污点去除前后对比图

最终数码暗房处理后的作品效果，2010年，渭富（渭南—富平）大桥之夜，陕西省渭南市临渭区关中环线，如图3.12所示。

图3.12　污点去除最终效果图

图3.13、图3.14和图3.15表单中自定义了总体的色温导致色调向冷。

改变白平衡（色温）带出不同感觉。白平衡（WB, White Balance）在拍摄日出日落时很有用，不要一直使用自动白平衡，透过手动设定WB，可以加强日出日落时黄昏的渲染。日出后期天色会渐变为蓝天，可以让相片偏冷调（白平衡3 000 K左右）；反之日落应该带有暖暖的感觉，偏暖调比较合适（白平衡9 000 K左右）。

图3.13　更新污点去除

图3.14　更新污点去除前后对比图

最终数码暗房处理后的作品效果，2016年，长乐门之夜，陕西省西安市古城墙东门长乐门，如图3.15所示。

图3.15　更新污点去除最终效果图

3.3　黑　白

黑白类摄影题材作品的Adobe Photoshop Lightroom CC简要处理流程。

Adobe Photoshop Lightroom CC的预设为我们的风格提供了一个非常快速的解决方案，使用的工具主要有以下几种。

（1）对画面进行裁剪，仅仅保留有价值的部分，有意识地进行取舍，流出较多的空白部分。

（2）将白平衡向冷色调偏移，画面的亮度可以获得均匀的提升。调整曝光度，大幅度提高画面整体的亮度，由此可以消除多余的细节和污点。

（3）对于地面和天空，基本采用高光和阴影，分别单独对地面和天空的亮度进行提升。

（4）使用污点去除工具去掉画面中的一些不好的细节，通过调整清晰度可以获得画面层次感的平衡。图3.16采用自动的色温，色调向冷处理，如图3.16、图3.17和图3.18所示。

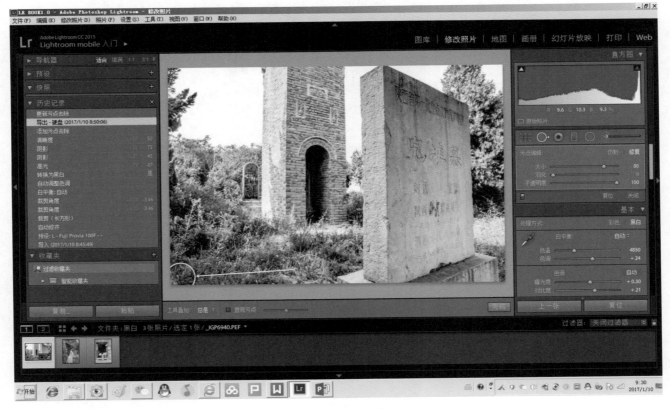

图3.16　黑白调整

图3.17　黑白调整前后对比图

图3.18 黑白调整最终效果图

最终数码暗房处理后的作品效果，2011年，寇准墓，陕西省渭南市临渭区，如图3.18所示。

Adobe Photoshop Lightroom CC的预设为我们的风格提供了一个非常快速的解决方案，图3.19、图3.20和图3.21中使用的工具主要是笔刷滤镜、高光及阴影等，从外面的小巷街面到屋子里面的墙壁细节几乎完美地表现出来了。图3.19中采用自动的色温，色调向冷处理。

图3.19　清晰度调整

图3.20　清晰度调整前后对比图

图3.21 清晰度调整最终效果图

最终数码暗房处理后的作品效果，2013年，街头谋生，陕西省渭南市临渭区，如图3.21所示。

3.4 纪　实

纪实类摄影题材作品的Adobe Photoshop Lightroom CC简要处理流程。

图3.22、图3.23和图3.24为二次曝光，采用自动的色温，色调向冷处理。关于纪实摄影作品的肖像权，截至2016年底，我们国家是这样规定的，《中华人民共和国民法通则》第一百条规定：公民享有肖像权，未经本人同意，不得以营利为目的使用公民的肖像。第一百二十条 公民的姓名权、肖像权、名誉权、荣誉权受到侵害的，有权要求停止侵害，恢复名誉，消除影响，赔礼道歉，并可以要求赔偿损失。法人的名称权、名誉权、荣誉权受到侵害的，适用前款规定。

图3.22　画笔描边调整1

图3.23　画笔描边调整前后对比图1

最终数码暗房处理后的作品效果，2016年，街头忙碌的交警，陕西省渭南市临渭区，如图3.24所示。

图3.24 画笔描边调整最终效果图1

3.5 建 筑

建筑类摄影题材作品的Adobe Photoshop Lightroom CC简要处理流程。

图3.25、图3.26和图3.27均采用自动色温，使用了污点去除、变换(引导式Upright工具）建筑物体的形状。引导式Upright工具的作用是通过在照片上绘制垂直参考线和水平参考线，帮助Adobe Photoshop Lightroom CC进行透视校正。引导式Upright工具（Guided

Upright）在组织形式上是一个典型的Adobe Photoshop Lightroom CC工具，可以通过点击Upright命令旁边的符号来激活或者关闭它，它的工具是〈Shift+T〉快捷键。

图3.25　阴影调整

图3.26　阴影调整横前后对比图

　　最终数码暗房处理后的作品效果，2011年，西岳庙灏灵门，位于陕西省渭南华阴市，如图3.27所示。

图3.27　阴影调整最终效果图

3.6　静　物

静物类摄影题材作品的Adobe Photoshop Lightroom CC简要处理流程。

图3.58、图3.29和图3.30均采用自定义色温，使用了笔刷滤镜，将纪念像的眼睛局部进行了补光。点击调整画笔，其中有几个地方不同，效果：效果默认为自定义，即自己调整各种参数，但是点击自定义处，系统也有多种预设的画笔可以选择，如光圈增强，皮肤柔化，牙齿美白，等等；羽化：这个类似于PS中画笔的硬度，羽化越高，画笔硬度越低；流畅度：类似于PS的流量，比如流畅度为50，那

么一次涂抹能达到画笔设置效果的50%，涂抹两次可以达到100%，这样有利于对不同区域采用不同程度的效果；密度：密度是对画笔效果的限制，比如设置为30，那么不管怎么涂抹，都只能达到画笔效果的30%；颜色：颜色可以在画笔的范围内叠加一层色彩。

图3.28　画笔描边调整2

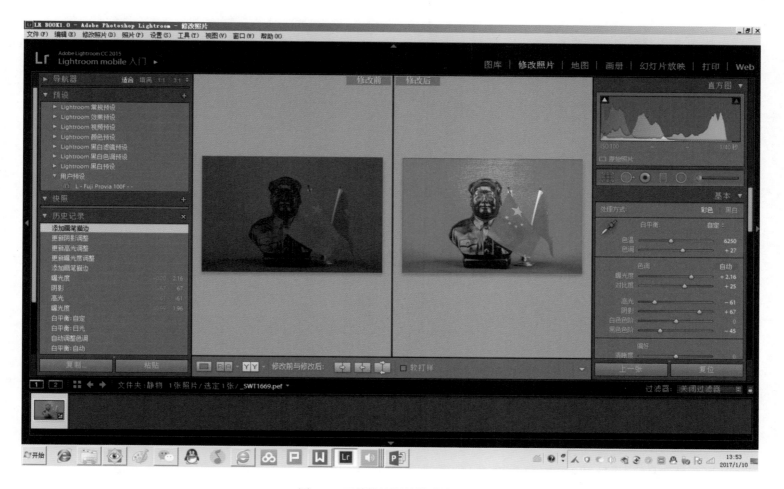

图3.29 画笔描边调整前后对比图2

图3.30　画笔描边调整最终效果图2

最终数码暗房处理后的作品效果，2012年，纪念像，陕西省渭南市临渭区。

3.7　花　卉

花卉类摄影题材作品的Adobe Photoshop Lightroom CC简要处理流程。

图3.31、图3.32和图3.33均采用自动色温，使用了径向滤镜工具，例图作品的主要对象周围的背景或元素可能会分散观众的注意力。要将关注点放在焦点上，可以创建晕影效果。通过使用径向滤镜工具，可以创建多个偏离中心位置的晕影区域以突出显示照片的

特定部分。在使用径向滤镜工具时，可以通过椭圆形蒙版进行局部调整。可以使用径向滤镜工具在主题周围绘制一个椭圆区域，然后选择减少选定蒙版以外的部分的曝光度、饱和度和锐化程度，按〈Shift + M〉键可切换径向滤镜工具。

图3.32　更新阴影调整

图3.33　更新阴影调整前后对比图

最终数码暗房处理后的作品效果，2013年，一动一静赏秋菊，陕西省渭南市临渭区。

图3.34　更新阴影调整最终效果图

最后推荐三个摄影专业网站，供大家学习参考。

（1）人民攻摄网（http://www.lrfans.com）：新生代独立摄影师成长公社。

（2）蜂鸟网（http://academy.fengniao.com）：北京蜂鸟映像电子商务有限公司，成立于2000年，是中国影像互联网平台领军企业。

（3）色影无忌网（http://www.xietek.com）：网站创立于2000年1月18日，旨在为全球华人摄影爱好者提供交流的网络平台，用影像力推动影响力，创建影像生活新概念。

参考文献

[1] 刘宽新.数码影像专业教程 [M]. 北京：人民邮电出版社，2008.

[2] 刘宽新.数码影像专业锐化 [M]. 北京：人民邮电出版社，2009.

[3] 斯科特·凯尔比. Photoshop Lightroom 6/CC摄影师专业技法 [M]. 北京：人民邮电出版社，2016.

[4] 孙晓岭.创意摄影 photoshop+Lightroom双修魔法书 [M]. 北京： 中国青年出版社，2013.

[5] 杭州帅三代科技有限公司. 人民攻摄网[DB/0L].[2016-03-13]http://www.lrfans.com.

[6] 北京蜂鸟映影电子商务有限公司. 蜂鸟网[DB/0L]. [2000-01-01]http://academy.fengniao.com.

[7] 南宁市富国电子网络有限公司. 色影无忌网[DB/0L]. [2016-08-02]http://www.xitek.com.

[8] 周汝昌.神州自有连城璧 [M]. 济南：山东画报出版社，2005.

后　记

　　本书从一个侧面部分反映了Adobe Photoshop Lightroom CC软件强大的数码后期处理图像功能，它可以简洁地、快速地、直观地处理好数码图像文件，在具体阅读本书的过程中，可以参考该软件官方说明书的技巧，积极查找互联网资料，也可以通过QQ（1062741191）联系我，我会及时回复您关于Adobe Photoshop Lightroom CC软件使用技术等有关问答。再次感谢我的父母、妻子和女儿等家人的帮助，以及多位摄友的帮助，也特别感谢西北工业大学出版社的华一瑾编辑等工作人员，是她们的热情推动和热心帮助才促成这本书的出版。让我们摄影爱好者从自己的家乡、身边的题材拍起，拿出反映这个令人振奋的时代的高质量作品，既丰富人民群众的文化生活，也陶冶自己的情趣！让我们一起努力创作并使用数码图像软件精心处理后期图像，生产更多的精品摄影作品，为幸福美好的明天而努力奋斗，为实现中华民族的伟大复兴贡献自己的光和热。

　　由于水平有限，书中如有不妥之处，请广大读者批评指正，以利再版。

　　不吝感激。

宋渭涛

2018年3月